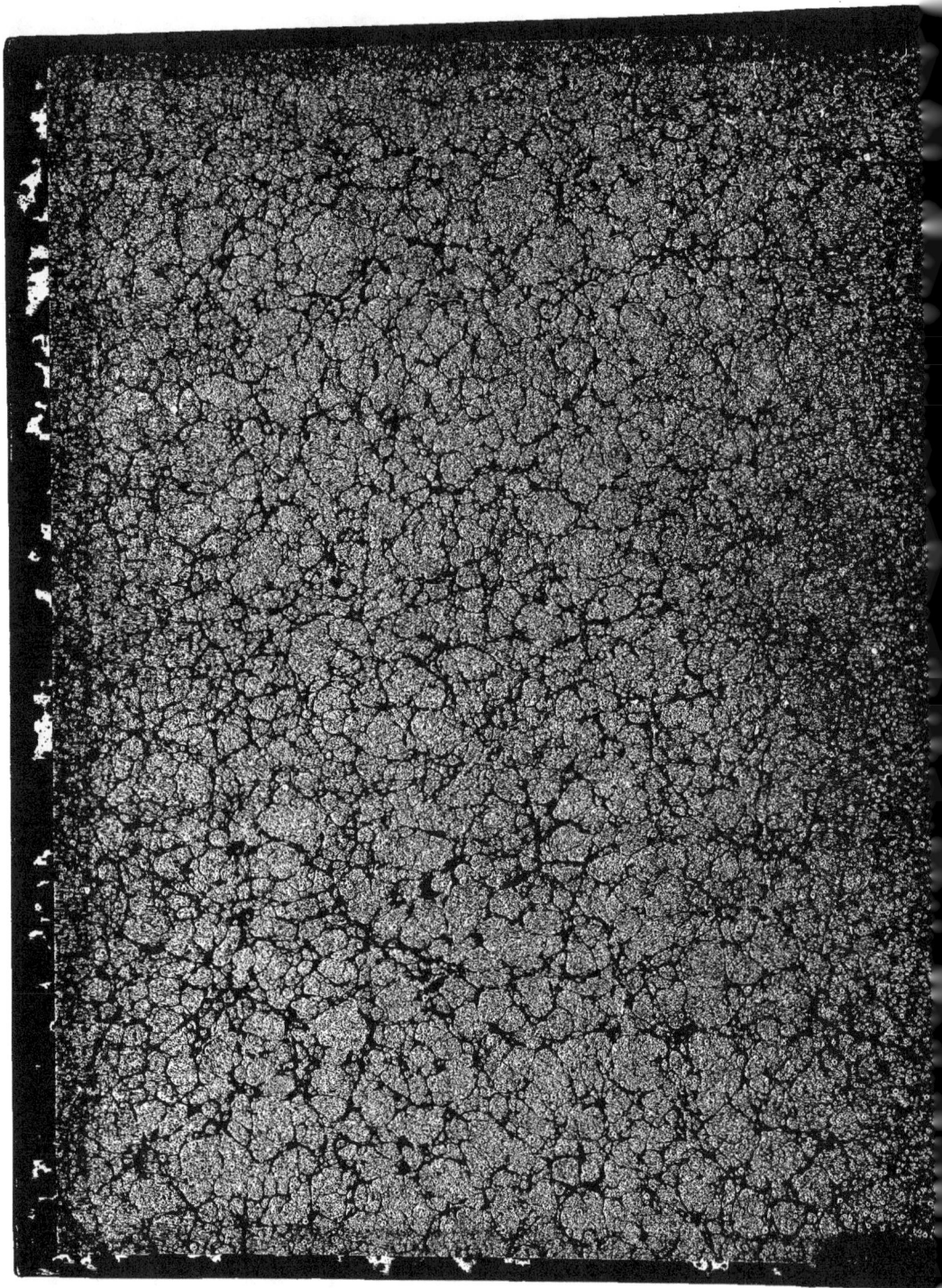

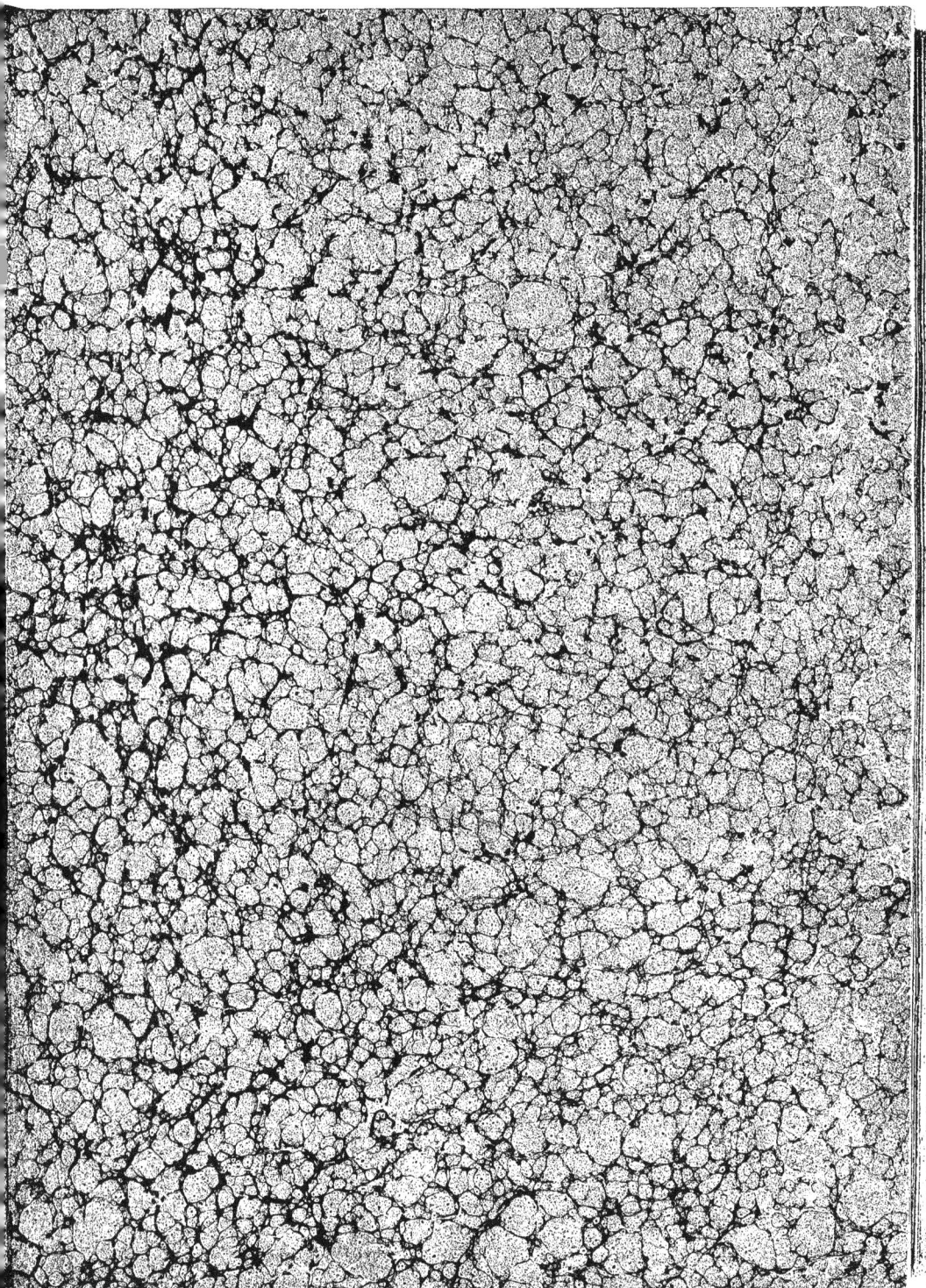

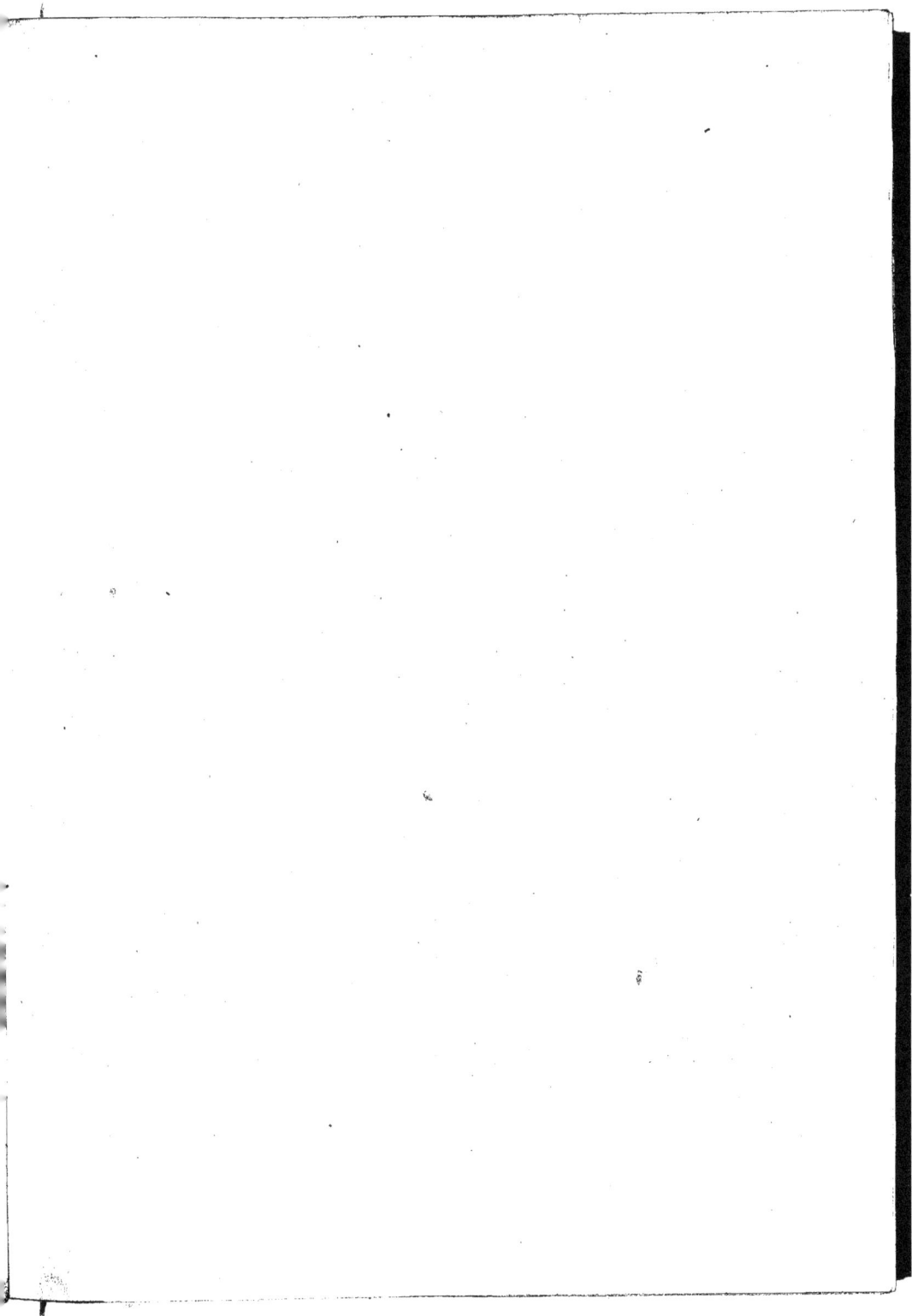

HISTOIRE NATURELLE

des

CÉPHALOPODES

ACÉTABULIFÈRES.

TOME SECOND.

HISTOIRE NATURELLE

GÉNÉRALE ET PARTICULIERE

DES

CÉPHALOPODES

ACÉTABULIFÈRES

VIVANTS ET FOSSILES

COMPRENANT : LA DESCRIPTION ZOOLOGIQUE ET ANATOMIQUE DE CES MOLLUSQUES, DES DÉTAILS
SUR LEUR ORGANISATION, LEURS MŒURS, LEURS HABITUDES, ET L'HISTOIRE DES OBSERVATIONS
DONT ILS ONT ÉTÉ L'OBJET DEPUIS LES TEMPS LES PLUS RECULÉS JUSQU'A NOS JOURS,

ouvrage commencé par

MM. DE FÉRUSSAC ET ALCIDE D'ORBIGNY,

et continué par

ALCIDE D'ORBIGNY,

DOCTEUR ÈS-SCIENCES NATURELLES DE LA FACULTÉ DE PARIS, CHEVALIER DE L'ORDRE ROYAL
DE LA LÉGION-D'HONNEUR, DE L'ORDRE DE SAINT-WLADIMIR DE RUSSIE, DE L'ORDRE DE LA COURONNE DE
FER D'AUTRICHE, OFFICIER DE LA LÉGION-D'HONNEUR BOLIVIENNE, DES SOCIÉTÉS PHILOMATIQUE, DE GÉOLOGIE, DE GÉOGRAPHIE
ET D'ETHNOLOGIE DE PARIS MEMBRE HONORAIRE DE LA SOCIÉTÉ GÉOLOGIQUE DE LONDRES, DES
ACADÉMIES ET SOCIÉTÉS SAVANTES DE TURIN, DE MADRID, DE MOSCOU, DE PHILADELPHIE, DE RATISBONNE,
DE MONTEVIDEO, DE BORDEAUX, DE NORMANDIE, DE LA ROCHELLE, DE SAINTES, DE BLOIS, ETC.

TOME SECOND. — ATLAS DE 144 PLANCHES.

A PARIS

CHEZ J.-B. BAILLIÈRE,

LIBRAIRE DE L'ACADÉMIE NATIONALE DE MÉDECINE,
RUE HAUTEFEUILLE, 19.
1835 A 1848.

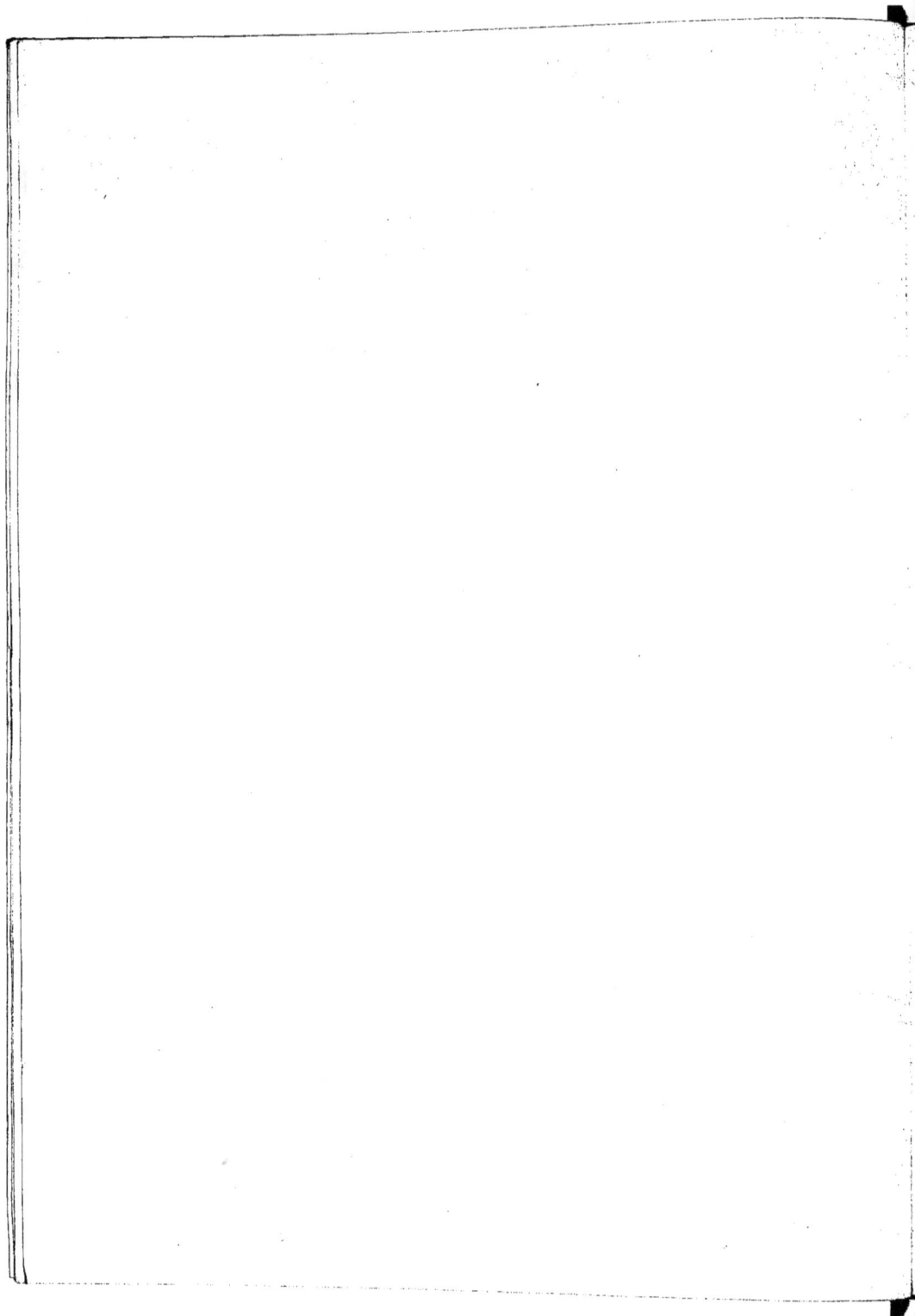

HISTOIRE NATURELLE

DES

CEPHALOPODES

ACÉTABULIFÈRES.

HISTOIRE NATURELLE

GÉNÉRALE ET PARTICULIÈRE

DES

CÉPHALOPODES

ACÉTABULIFÈRES

VIVANTS ET FOSSILES

COMPRENANT :

LA DESCRIPTION ZOOLOGIQUE ET ANATOMIQUE DE CES MOLLUSQUES, DES DÉTAILS SUR LEUR
ORGANISATION, LEURS MŒURS, LEURS HABITUDES, ET L'HISTOIRE DES OBSERVATIONS
DONT ILS ONT ÉTÉ L'OBJET DEPUIS LES TEMPS LES PLUS RECULÉS JUSQU'A NOS JOURS,

ouvrage commencé par

MM. DE FÉRUSSAC ET ALCIDE D'ORBIGNY,

et continué par

ALCIDE D'ORBIGNY,

DOCTEUR ÈS-SCIENCES NATURELLES DE LA FACULTÉ DE PARIS, CHEVALIER DE L'ORDRE ROYAL
DE LA LÉGION-D'HONNEUR, DE L'ORDRE DE SAINT-WLADIMIR DE RUSSIE, DE L'ORDRE DE LA COURONNE DE
FER D'AUTRICHE, OFFICIER DE LA LÉGION-D'HONNEUR BOLIVIENNE, DES SOCIÉTÉS PHILOMATIQUE, DE GÉOLOGIE, DE GÉOGRAPHIE
ET D'ETHNOLOGIE DE PARIS, MEMBRE HONORAIRE DE LA SOCIÉTÉ GÉOLOGIQUE DE LONDRES, DES
ACADÉMIES ET SOCIÉTÉS SAVANTES DE TURIN, DE MADRID, DE MOSCOU, DE PHILADELPHIE, DE RATISBONNE,
DE MONTEVIDEO, DE BORDEAUX, DE NORMANDIE, DE LA ROCHELLE, DE SAINTES, DE BLOIS, ETC.

ATLAS.

PARIS

IMPRIMERIE DE A. LACOUR,
Rue St-Hyacinthe-St-Michel, 83.

———

1835 à 1848

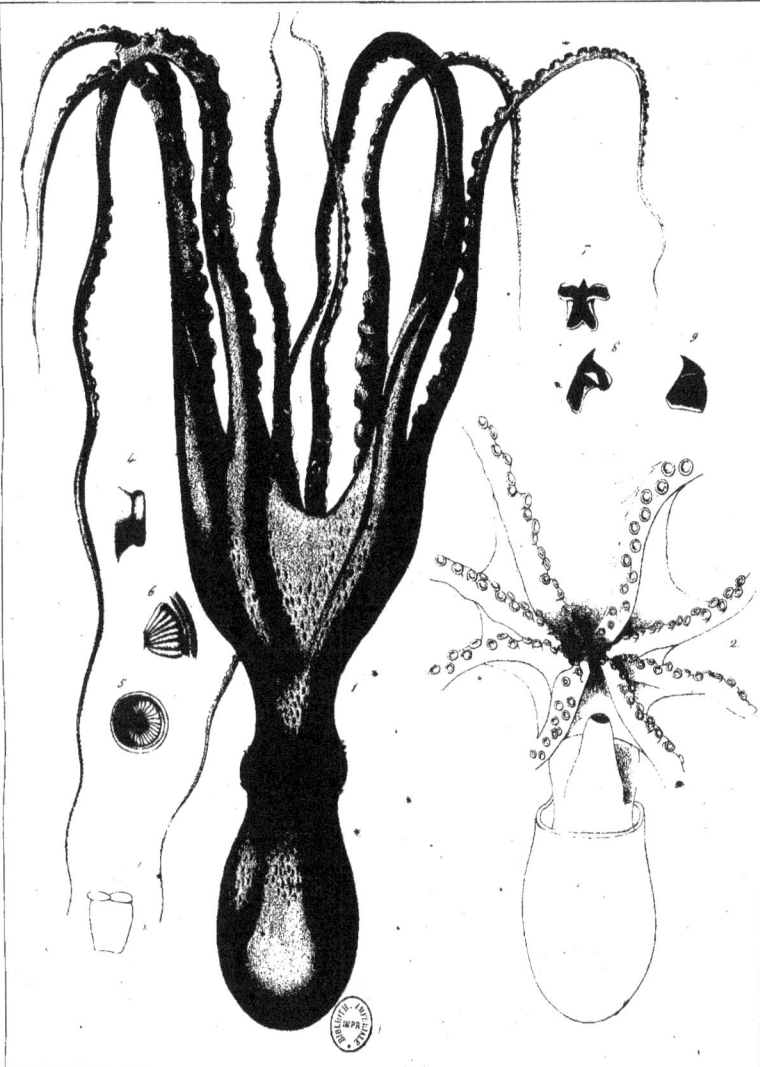

A. d'Orbigny pinx .　　　　Atelier de Guérin .　　　　Imp. Lith. de Bove, dirigé par Noel ainé et Cie

O. Lechenaultii , d'Orbigny .

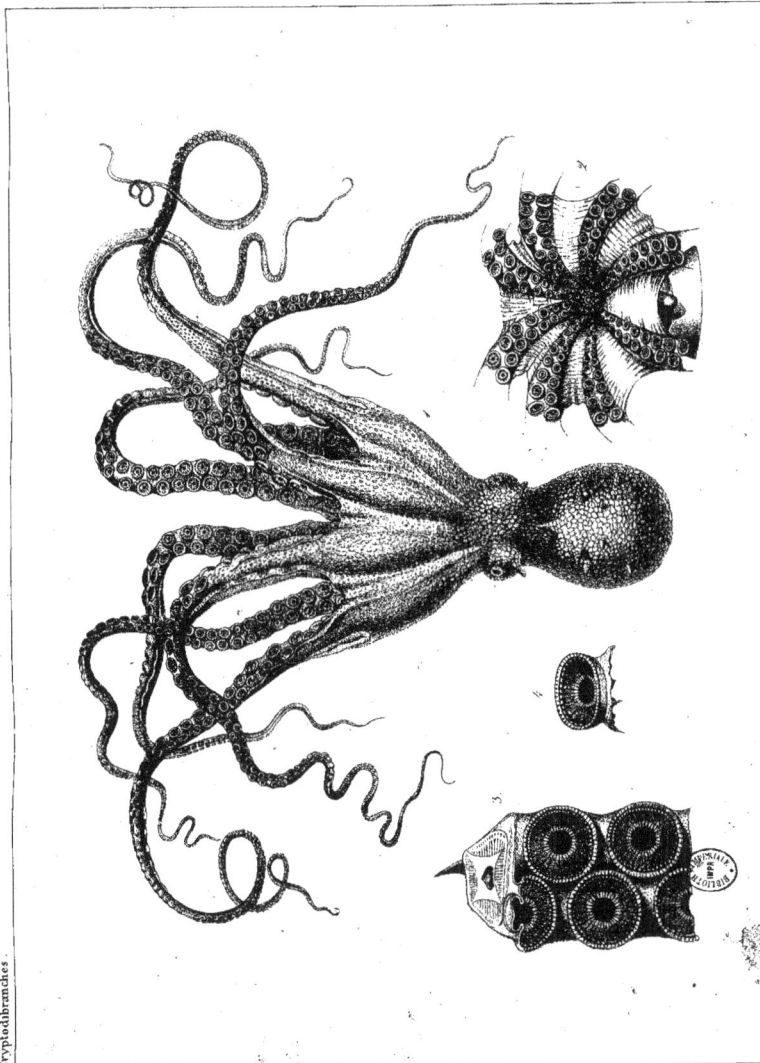

G. POULPE. (*OCTOPUS*.) *Pl. 2.*

Cryptodibranches

Imp. Lith. de Bove. Lergues par Thil. rue et Cie

Atelier de Guérin.

D'après la Description de l'Égypte vol. t.

O. vulgaris. Lamarck.

Cryptodibranches.

Atelier de Guérin.   Imp. lith. de Bove, dirigée par Noël ainé & Comp.

O. *vulgaris, Lamarck.*

Cryptodibranches.

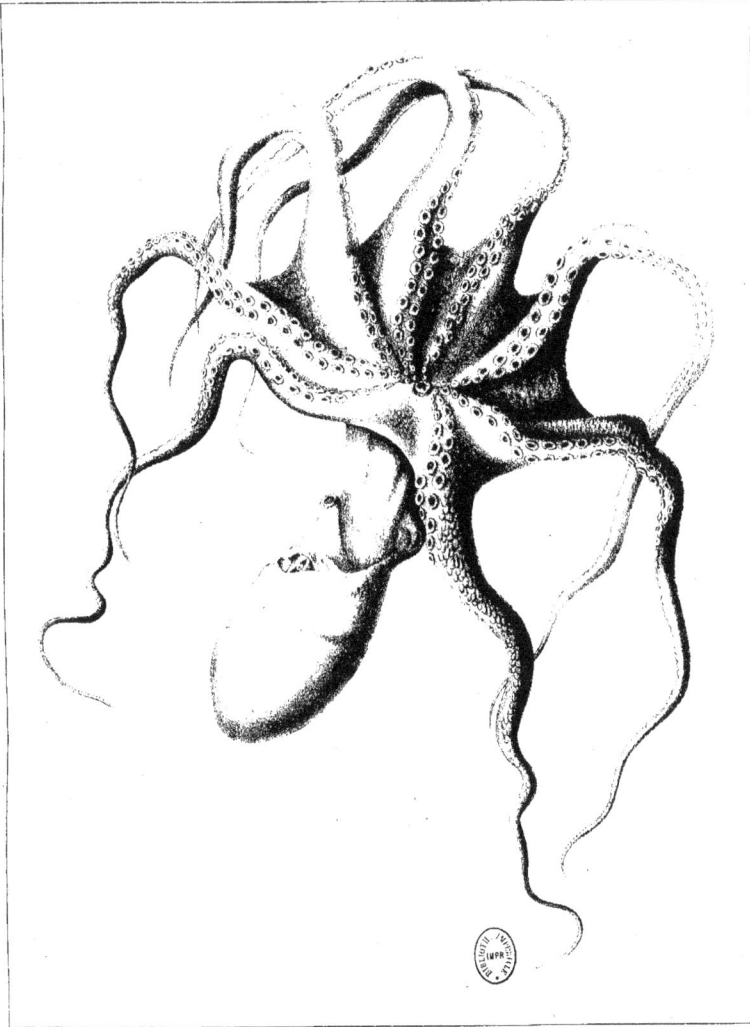

D'après Carus.   Atelier de Guérin.   Imp. lith. de Bove, dirigée par Noël ainé & Cie.

O. vulgaris, Carus.

Cryptodibranches.

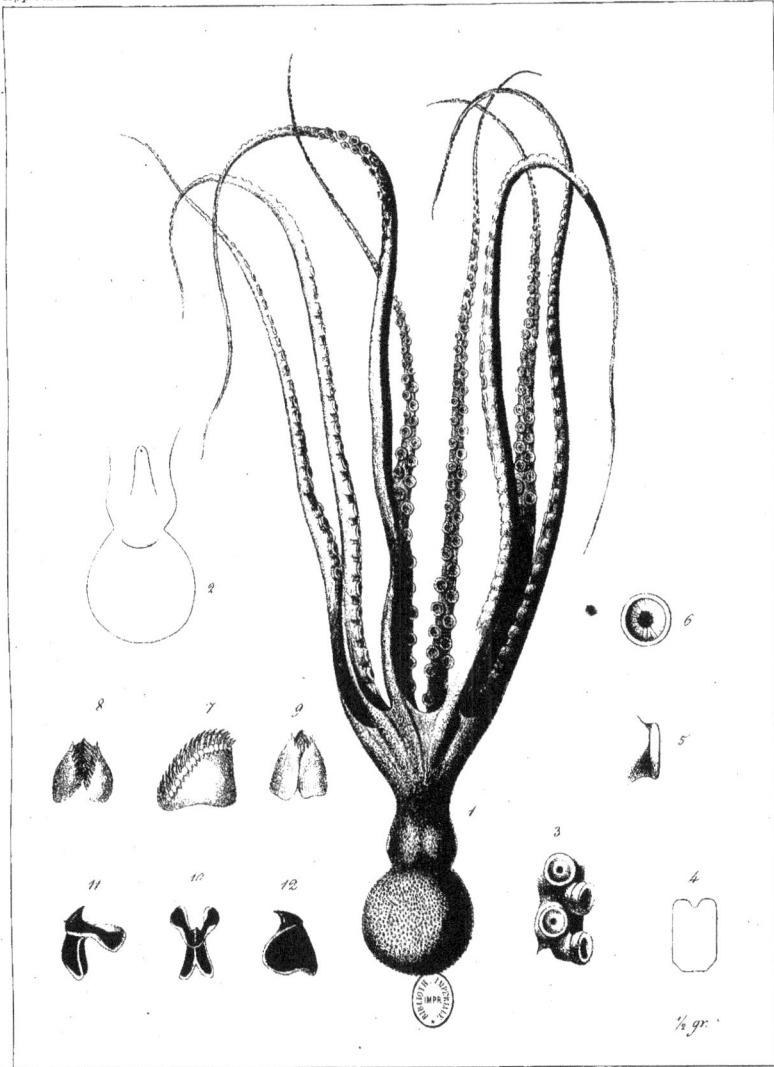

A. d'Orbigny, pinx.   Atelier de Guerin.   Imp. Lith. de Bove, dirigée par Noël aîné et C.ie

O. Cuvierii, d'Orbigny.

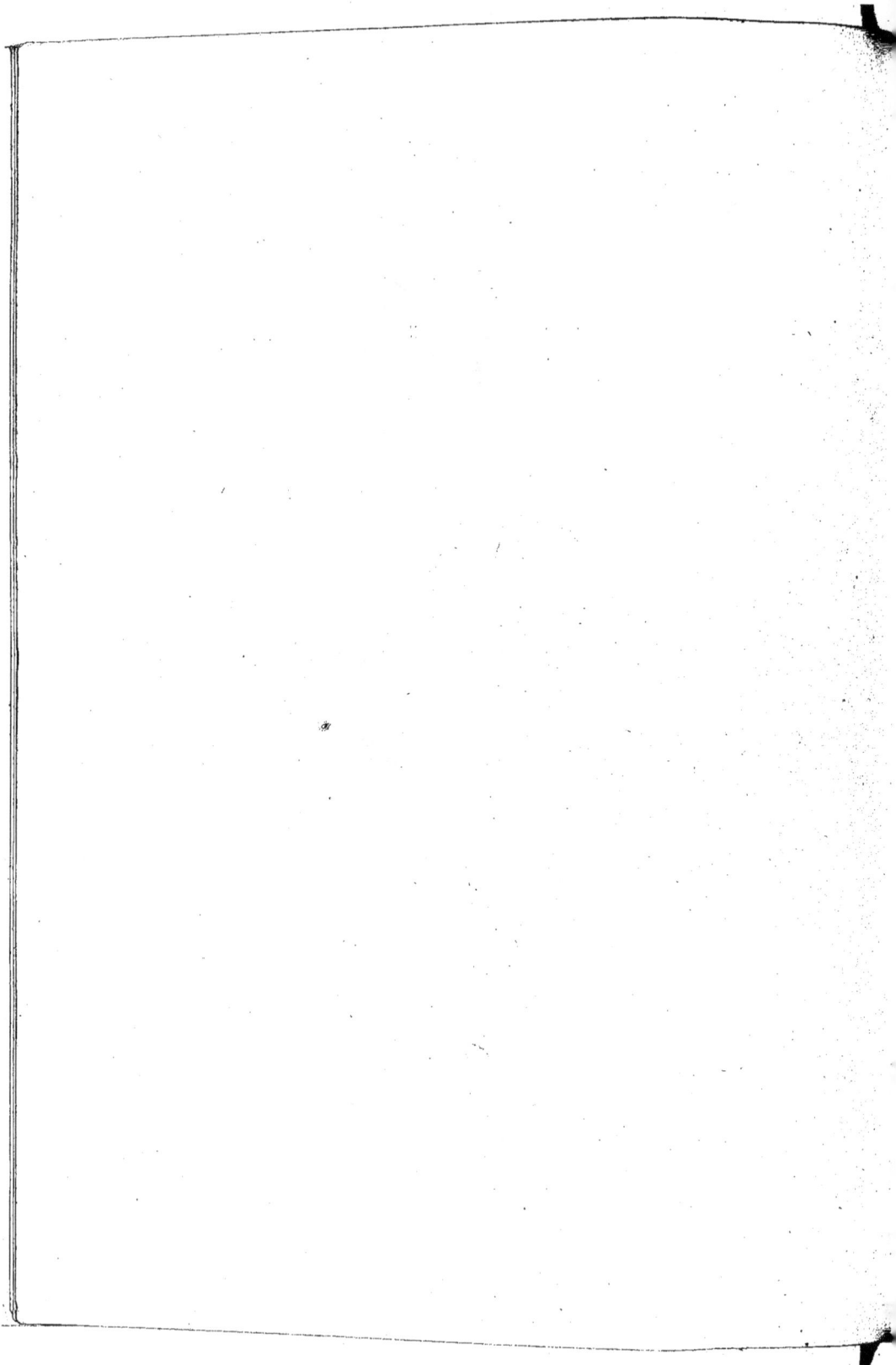

G. POULPE *(OCTOPUS.)Pl. 5.*

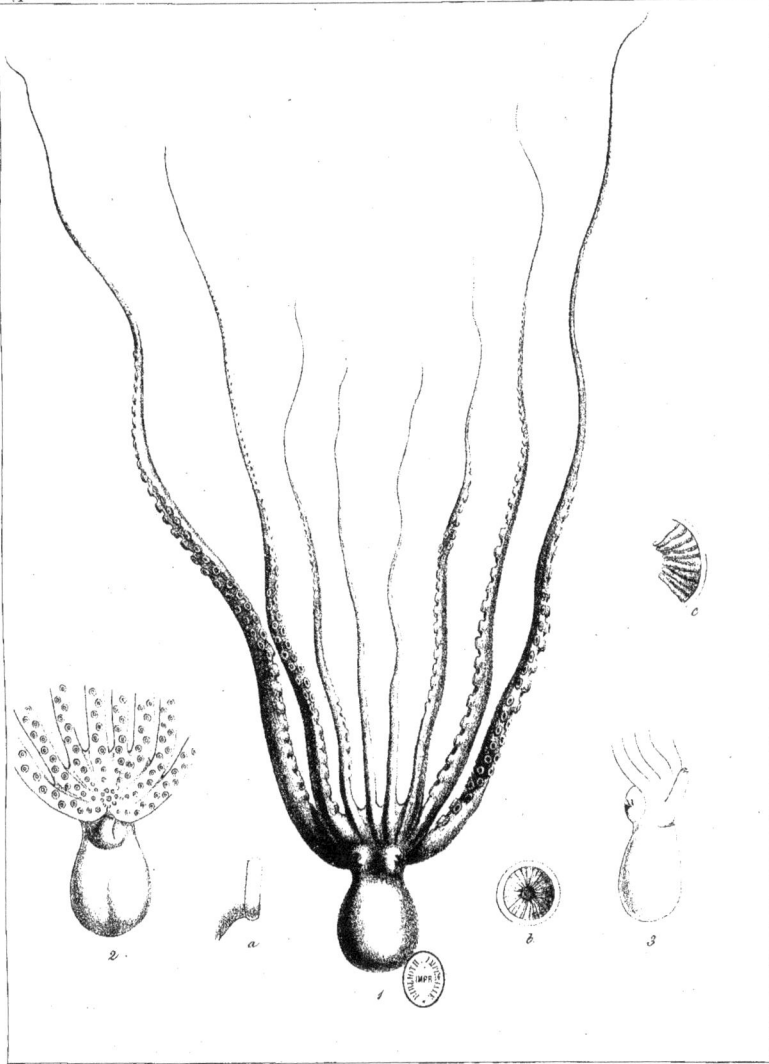

A. d'Orbigny pinx.   Atelier de Guérin.   Imp. Lith. de Bove, dirigée par Noël ainé et Cie.

O. aranea. d'Orbigny.

Cryptodibranches.

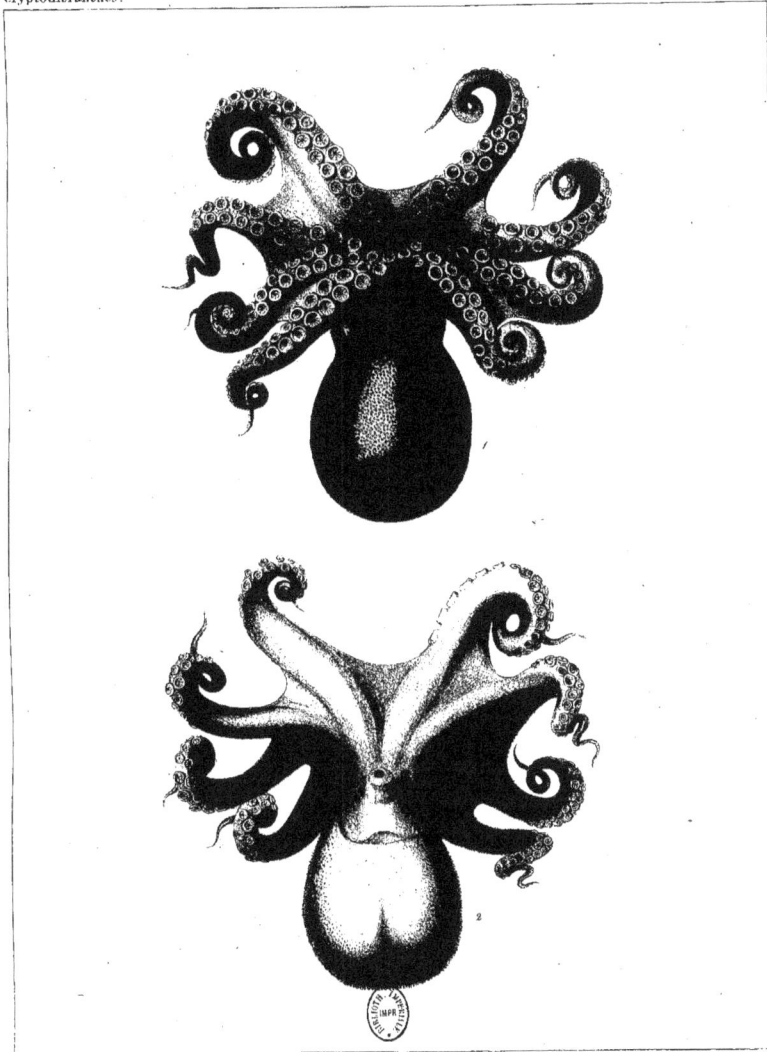

O. granulatus , Lamarck.

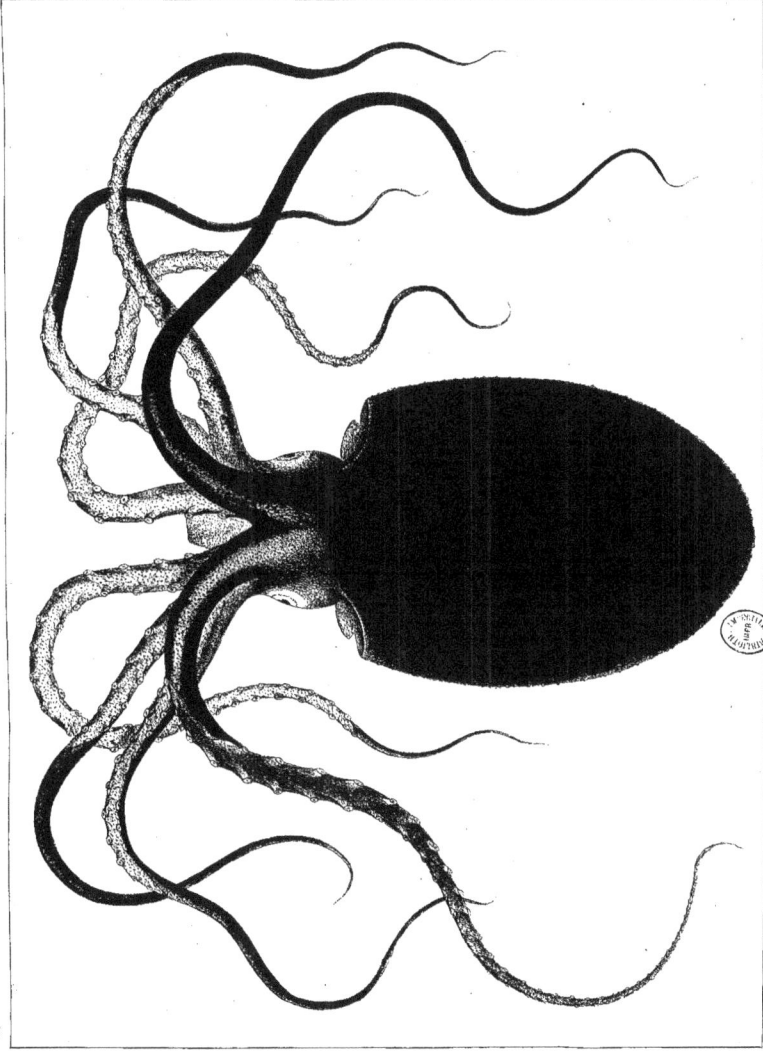

POUIPE. (*OCTOPUS*). *Pl. 6 bis*

Cephalibranches.

Lith de Langlumé

N. Rémond del

O. catenulatus, Ferussac.

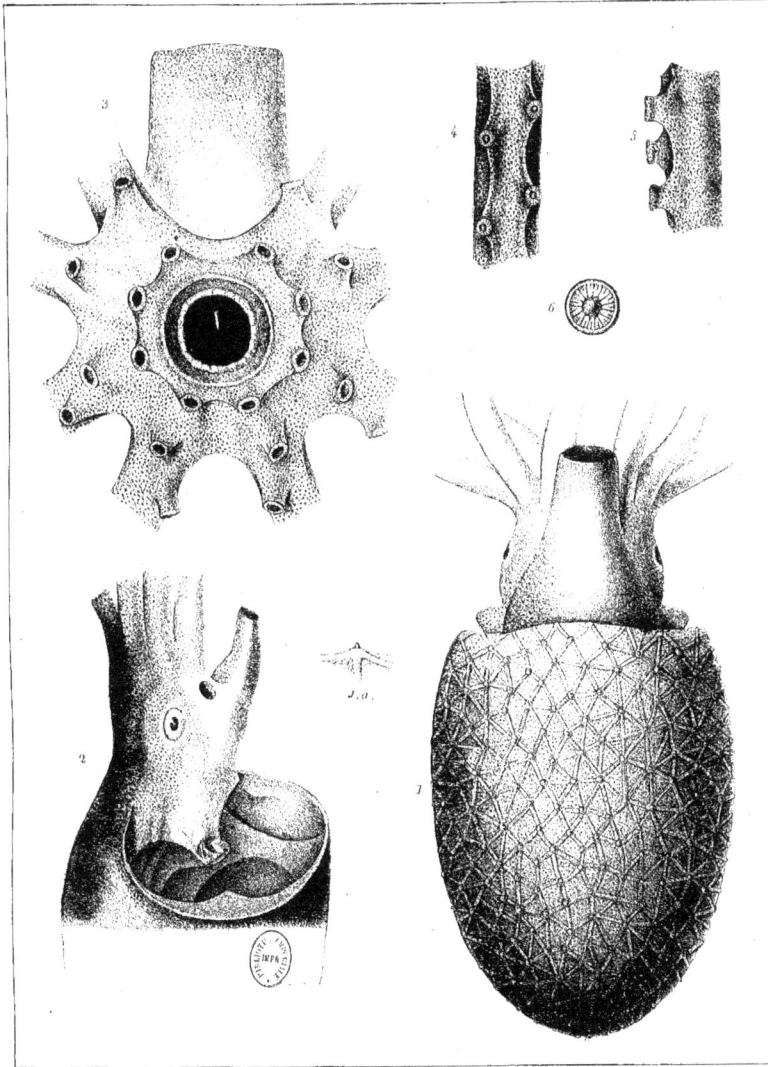

A. Prévost del.

Lith. de Langlumé

O. catenulatus, *Ferussac.*

G.POULPE, *(OCTOPUS.) Pl. 7.*

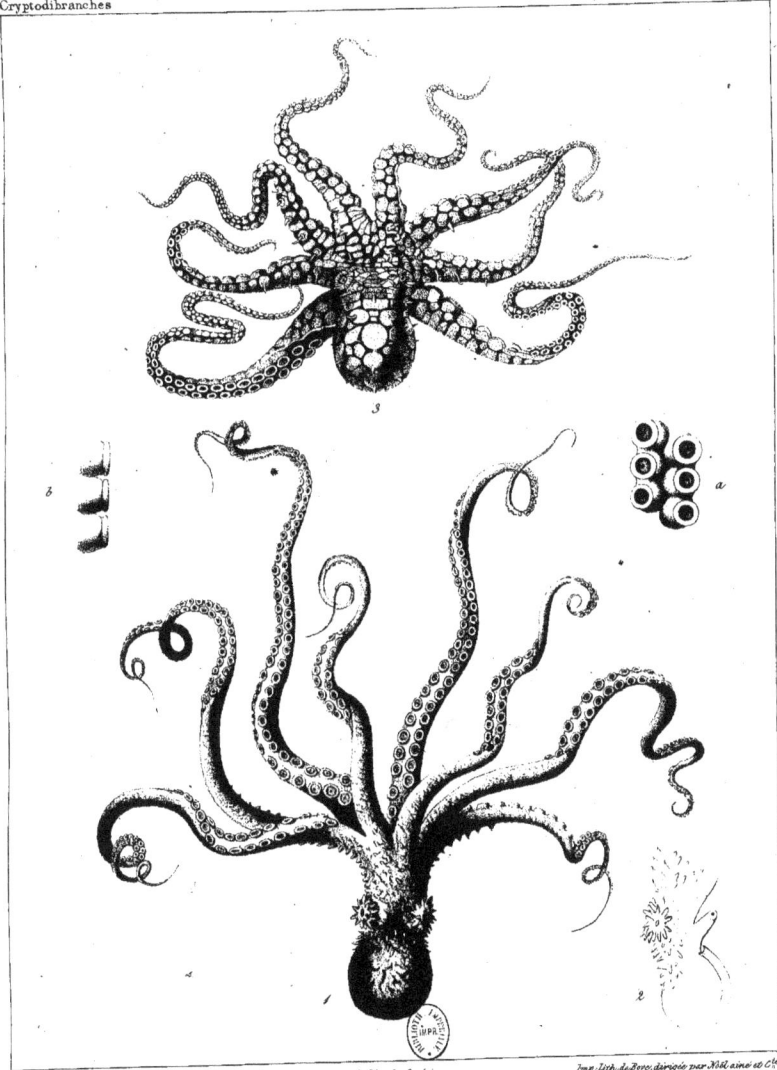

Atelier de Guérin. Imp. Lith. de Bove, dirigée par Noël ainé et C.ie

Fig. 1,2 O. aculeatus, d'Orbigny.
3 O. horridus, Ferussac.

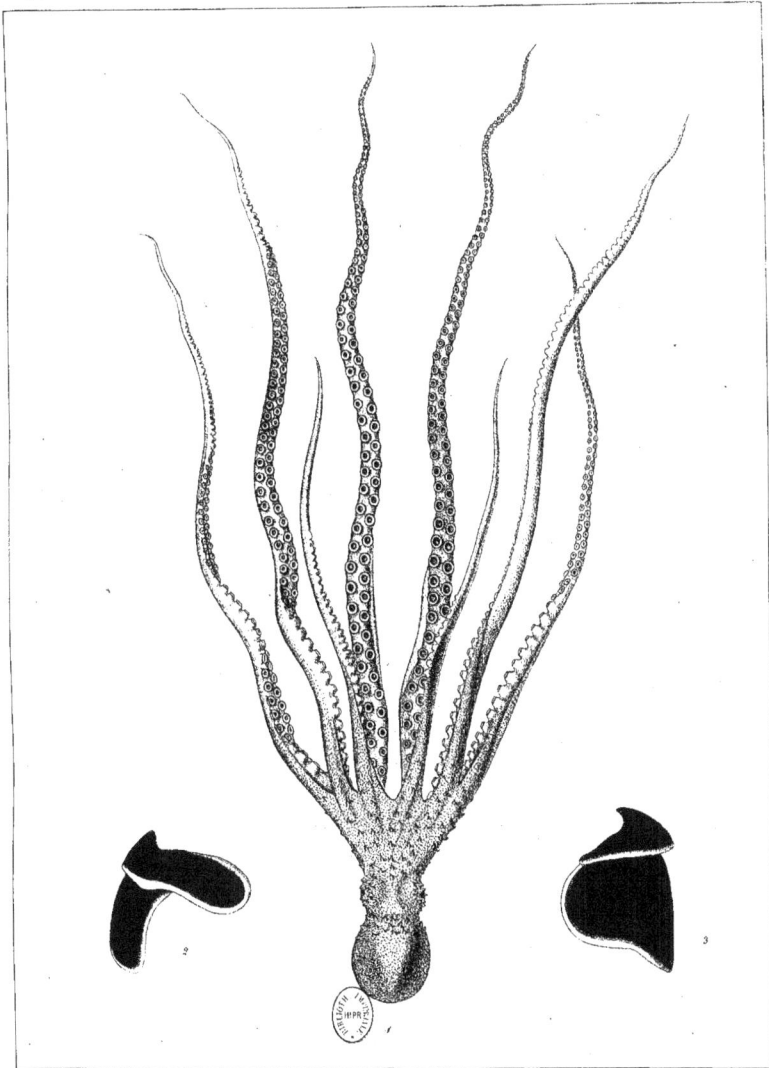

1 O. aculeatus, Var. α

2,3. Gros Bec, d'une espèce inconnue.

Atelier de Guérin.   Imp. lith. de Bove, dirigée par Noël ainé & Cie

1, 2, Figures de Poulpes, *tirées d'un ouvrage chinois.*

Cryptodibranches.

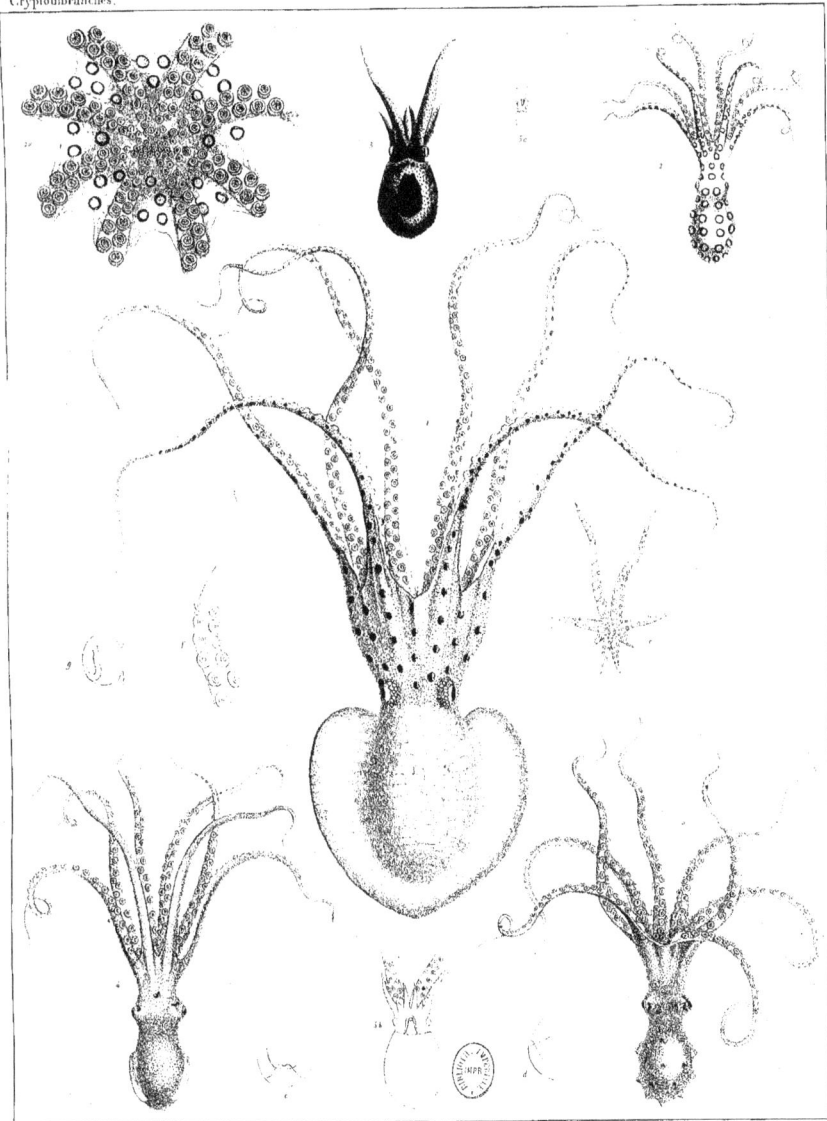

1 O. cordiformis Quoy et Gaymard ; 2, 2 a, O. lunulatus, id ; 3. O. westermansii id ; 4 O. membranaceus, id ;
5 a -g O. microstoma. Reynaud.

Ferroy dellec delin

L. de Breval

Blanchard et Lepit delin

O. Vulgaris, Lam.
hors de l'eau et marchant sur la plage.

Cryptodibranches.

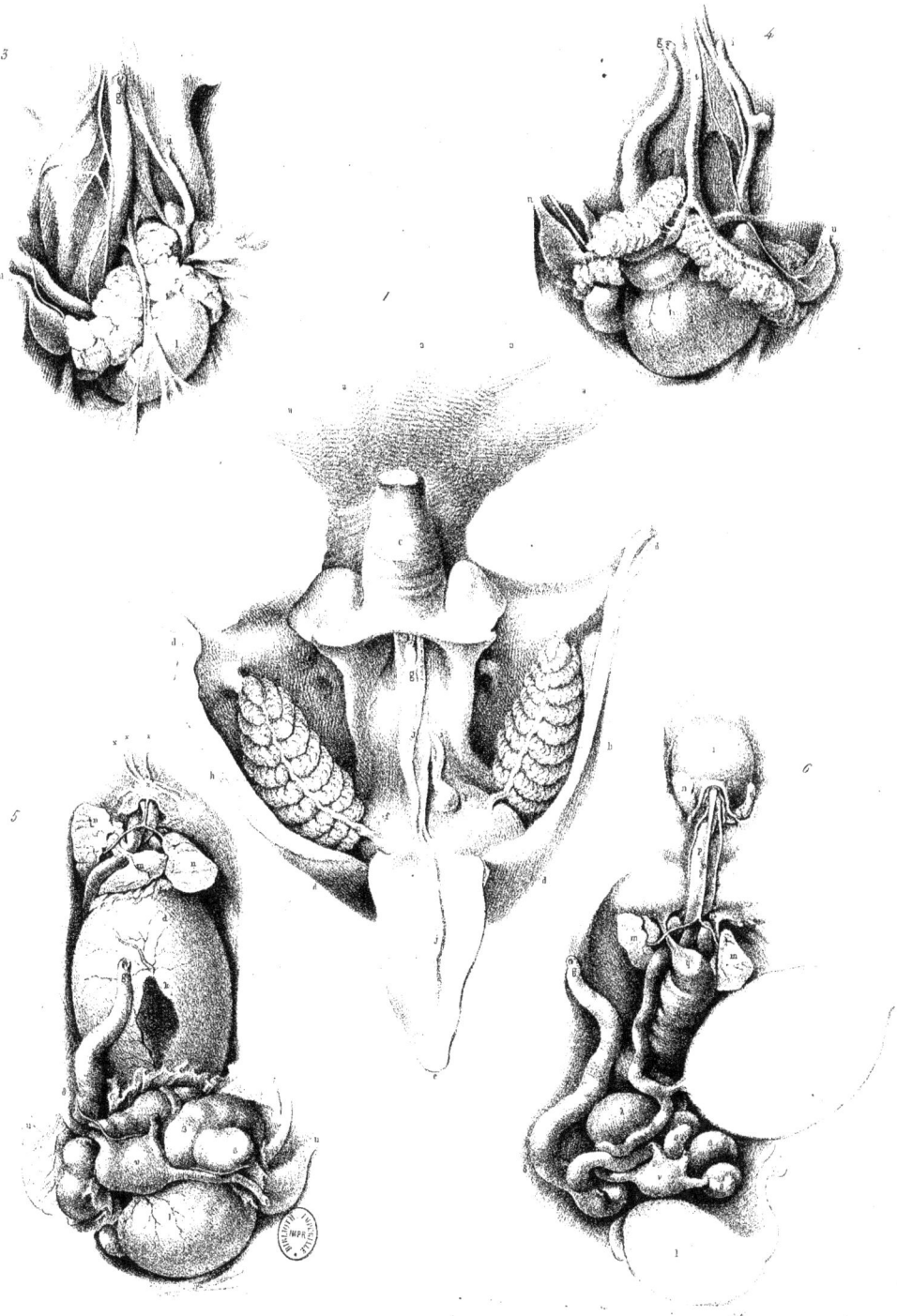

Lith. de Benard.

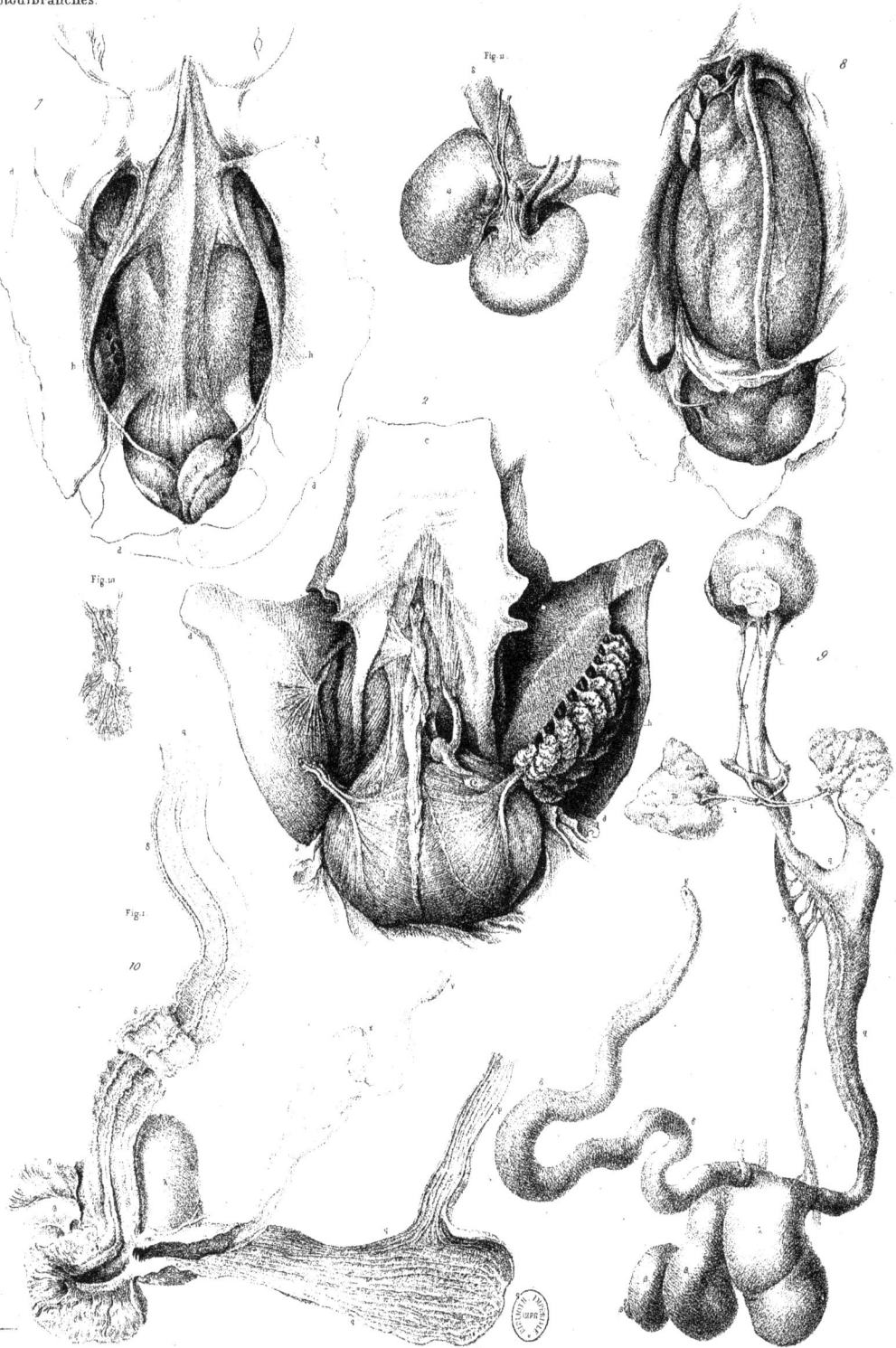

Anatomie de l'Octopus Vulgaris.

Cryptodibranches.

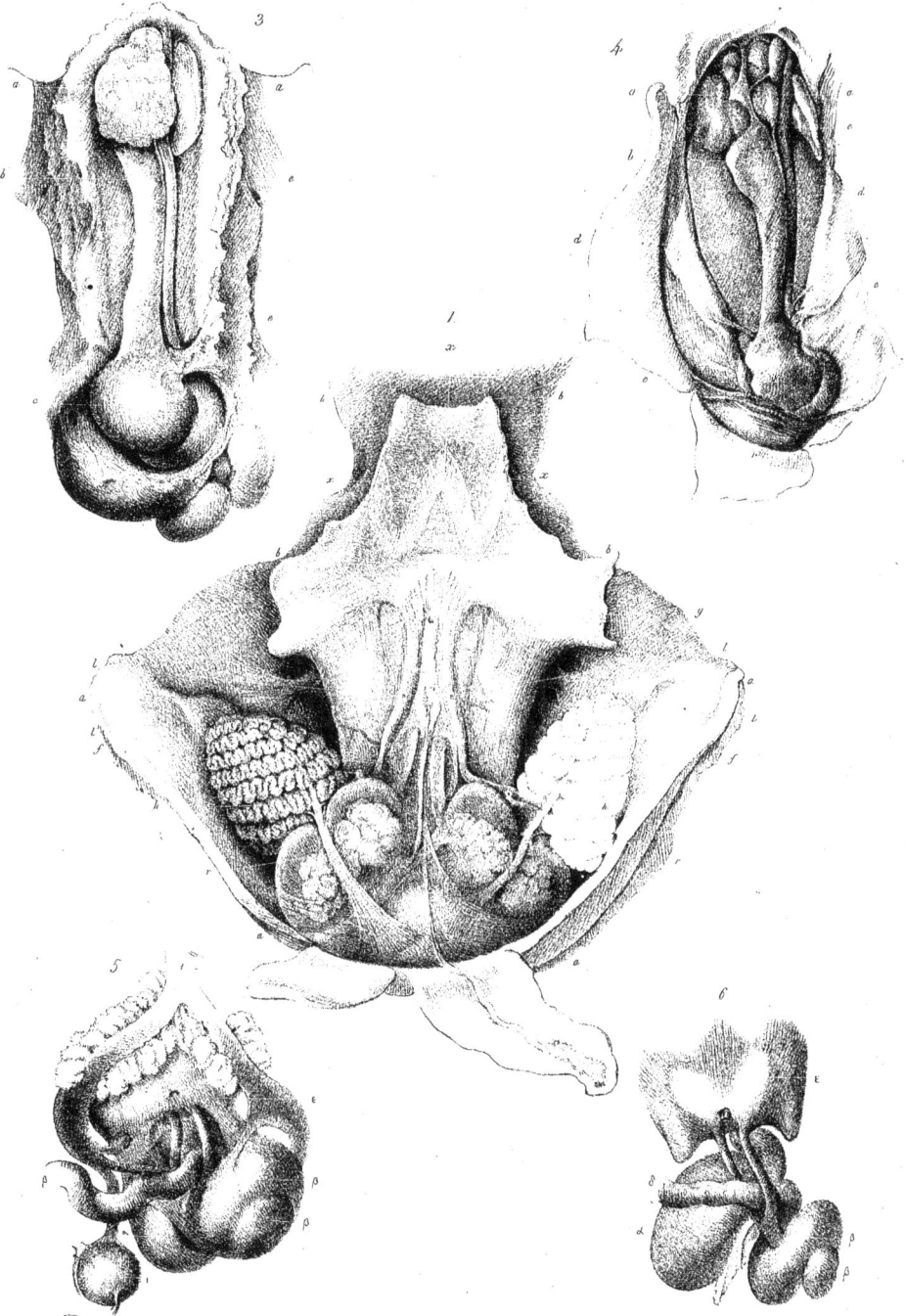

Lith. de Benard, rue de l'Abbaye 4.

Anatomie de l'Octopus vulgaris.

Cryptodibranches.

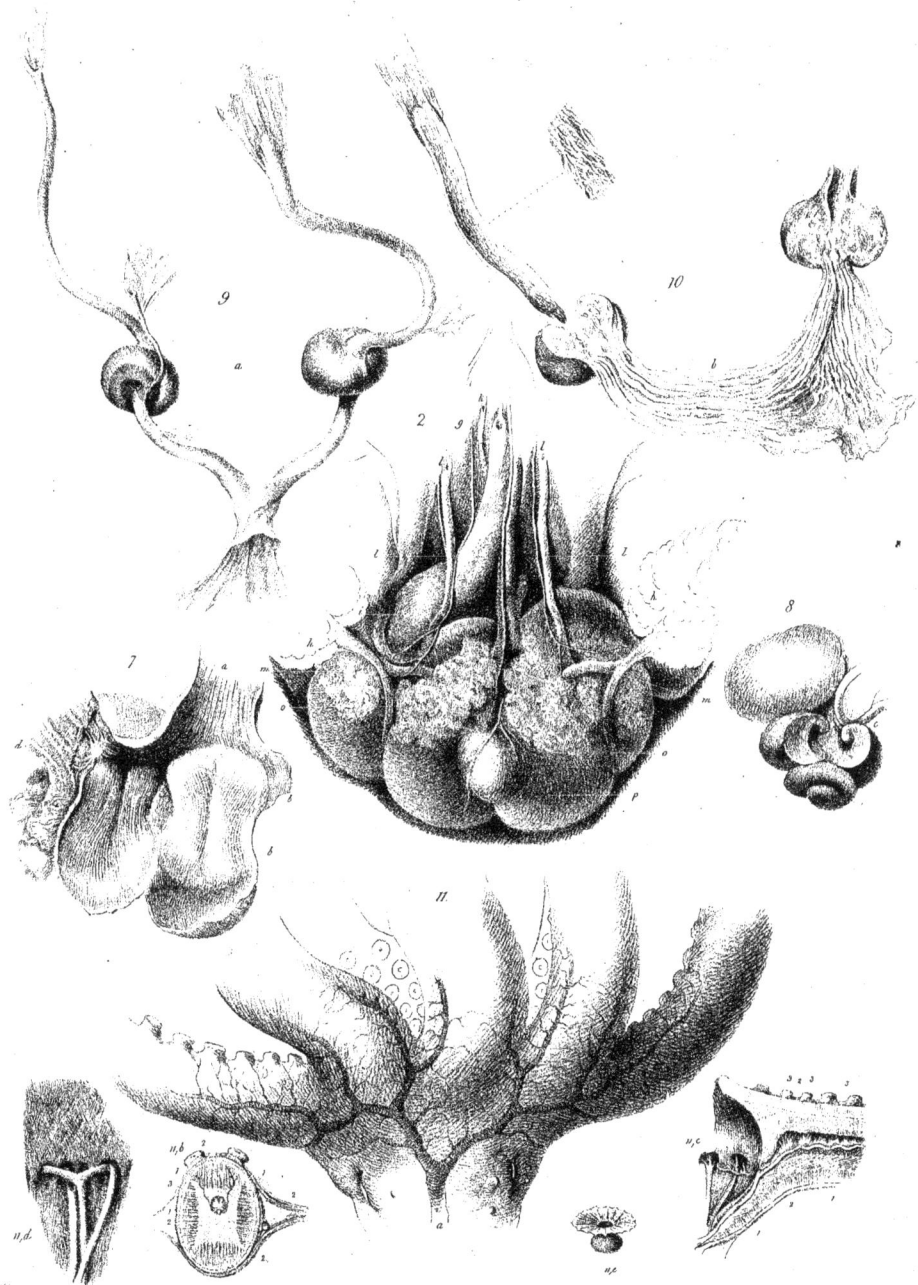

Anatomie de *l'Octopus vulgaris*

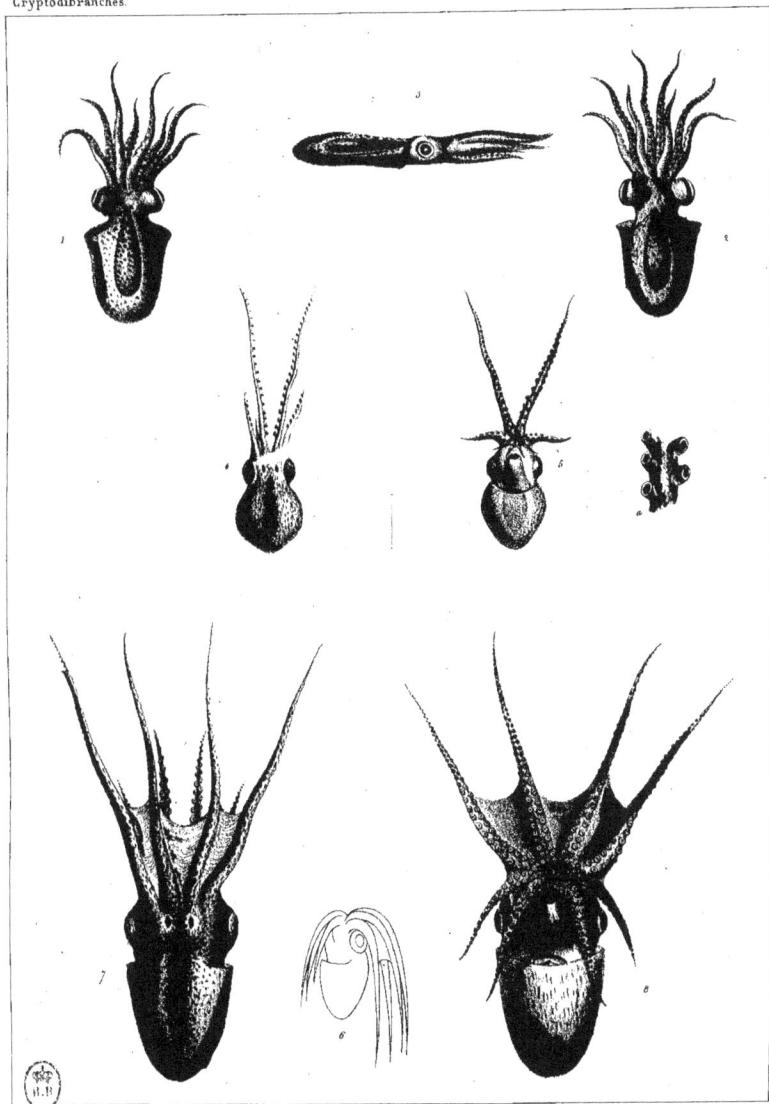

d'Orbigny del.

Lith. de Bénard.

Chazal ad Lapid.

1, 3 , O. hyalinus , Rang; 4, 5, O. atlanticus, d'Orb; 6, 8, O. Quoyanus, d'Orb.

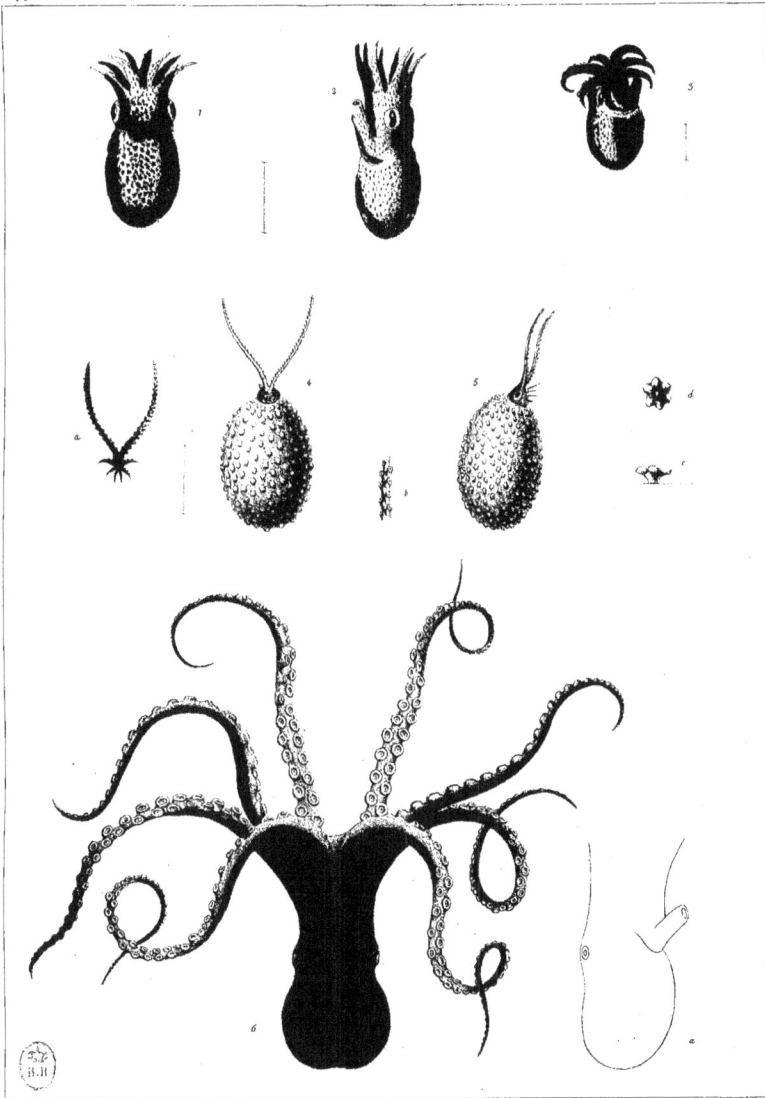

d'Orbigny del. Lith. de Bonard. Chanel ad Lepit.

1, 2, O. brevipes; 3, O. minimus; 4.5, O. Eylais; 6, O. Tehuelchus, d'Orbigny.

Acétabulifères.

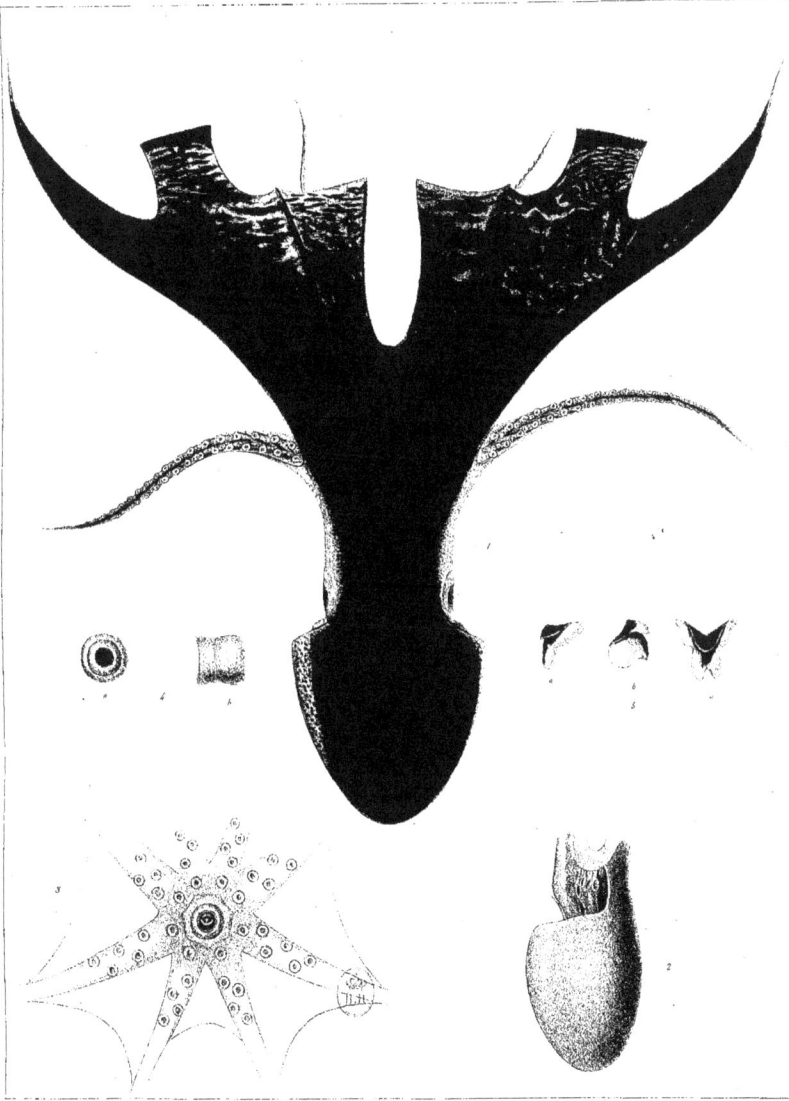

O. velifer, Férussac.

G. POULPE *(OCTOPUS) PL.19*

Acétabulifères.

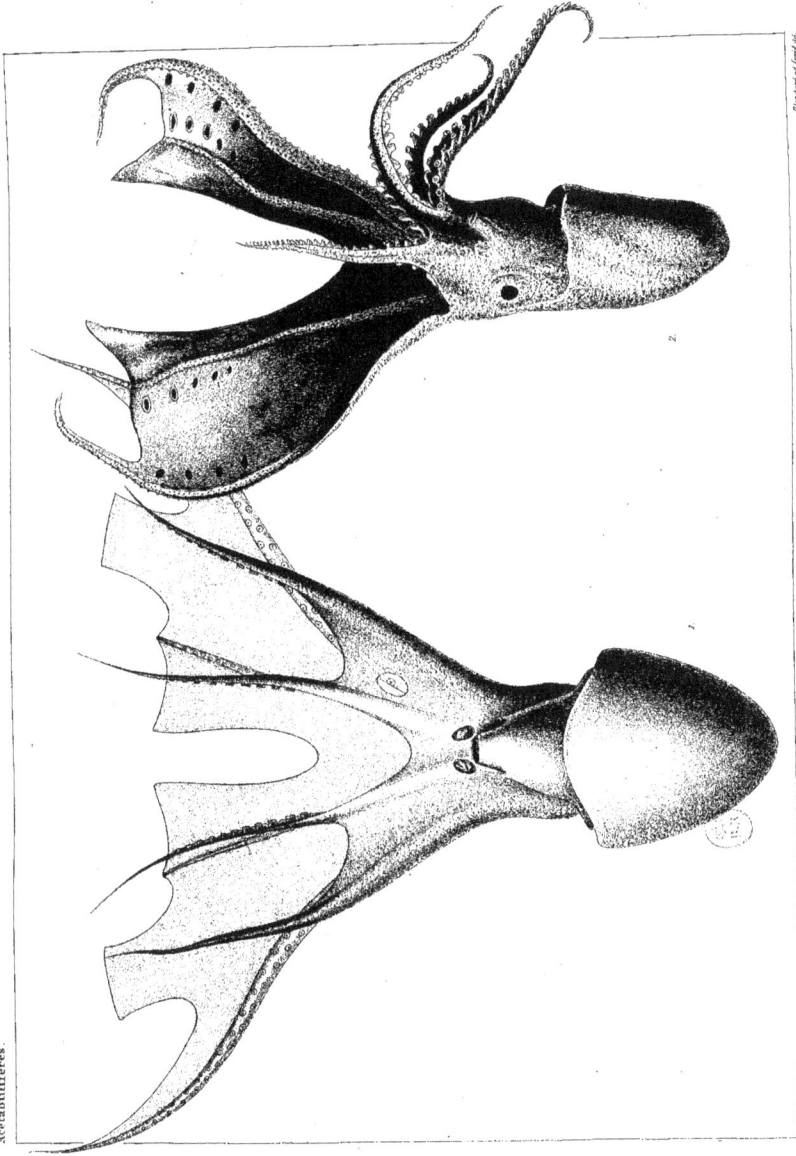

Fig. 1. *O. vellifer. Férussac, sur un dessin.*
Fig. 2. *Le même espèce, d'après un croquis de M. Péron.*

Acétabulifères.

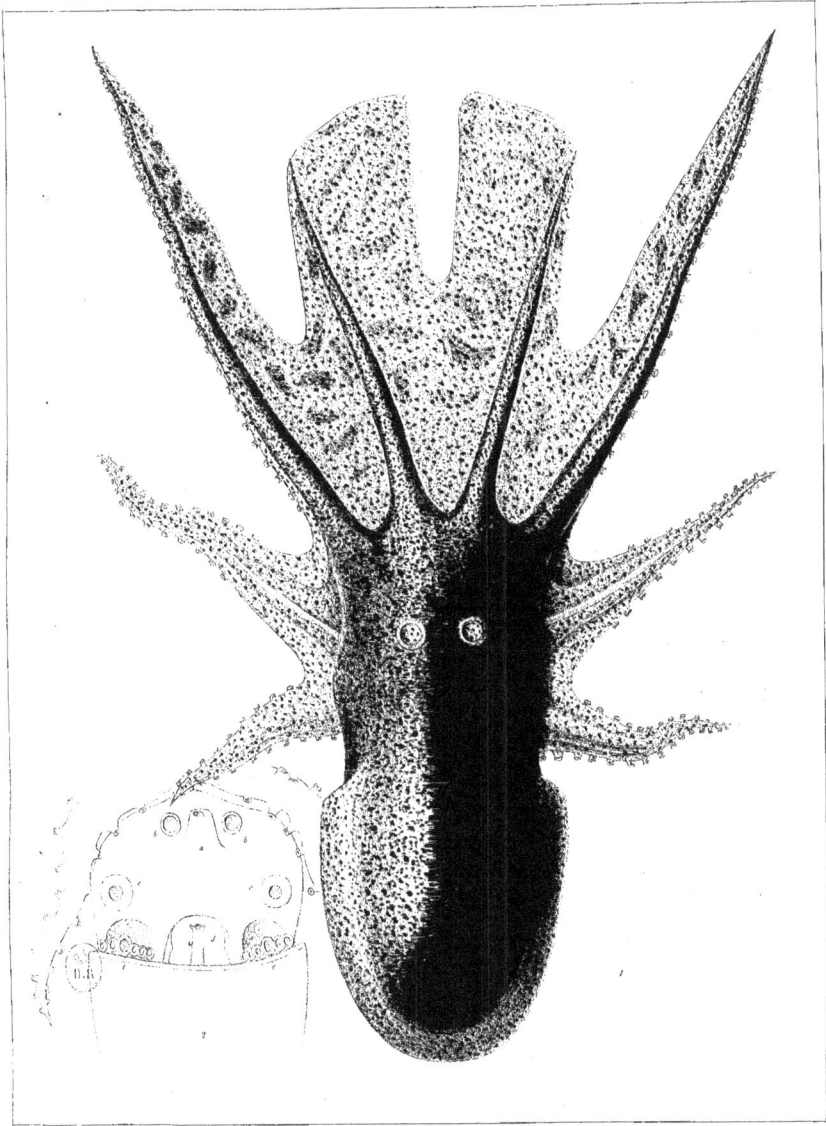

O. Violaceno. Delle Chiaje.

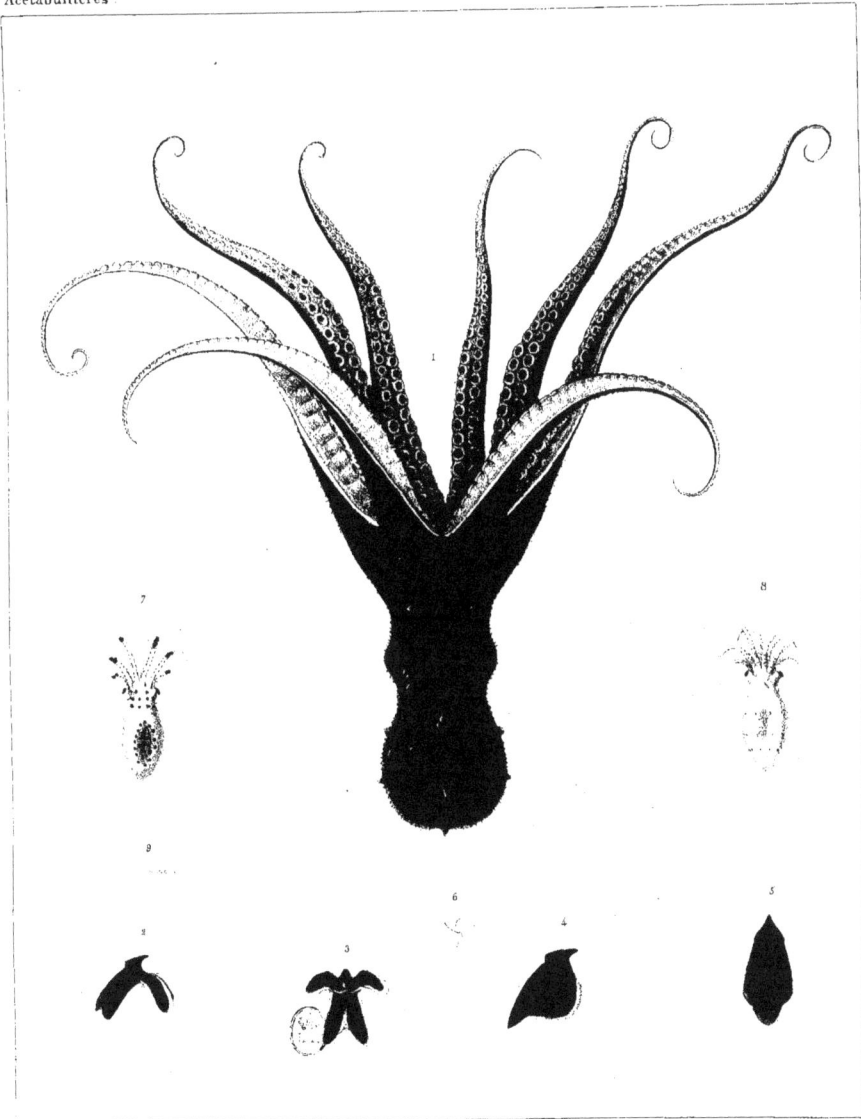

Prêtre pinx.ᵗ   Imp. Lemercier, Bénard à C.

1.6 Octopus tuberculatus, *Blainville*
7.9 Philonexis venustus, *d'Orbigny*

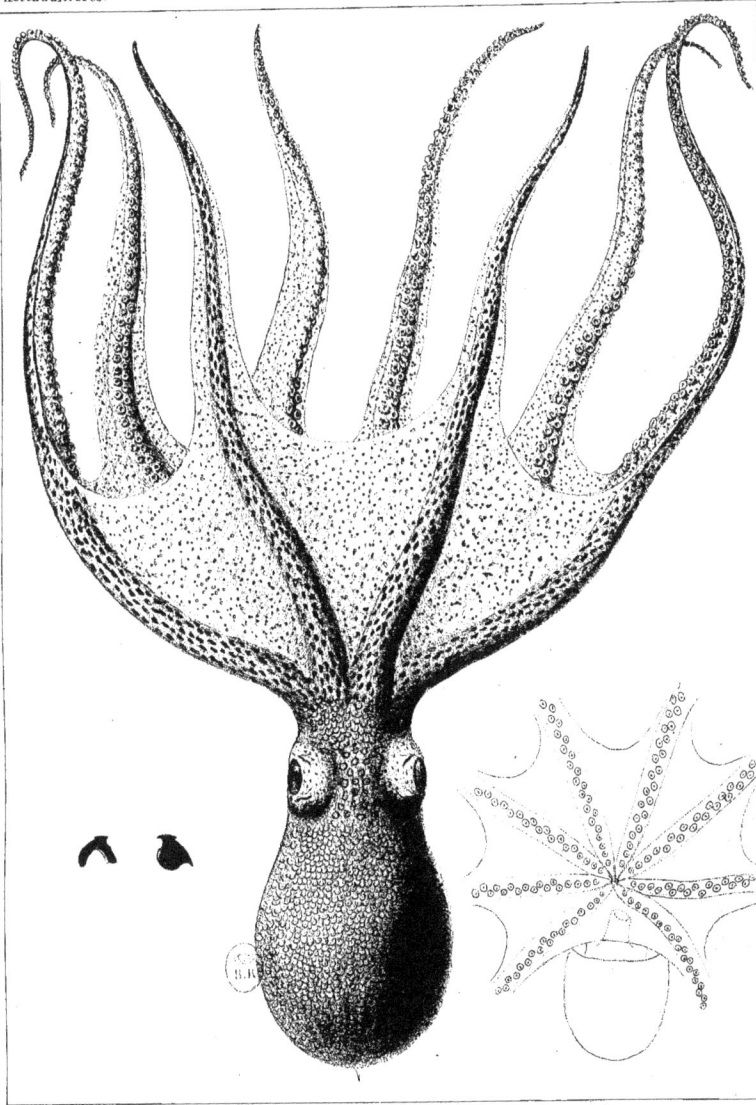

O. tenuicirrhus, della Chiaje.

1. Octopus tuberculatus, Blainville. 2. O. rugosus, d'Orbigny. 3, 4. Bec de l'O. aculeatus d'Orbigny. 5, 8. Bec du Philonexia tuberculatus, d'Orbigny.

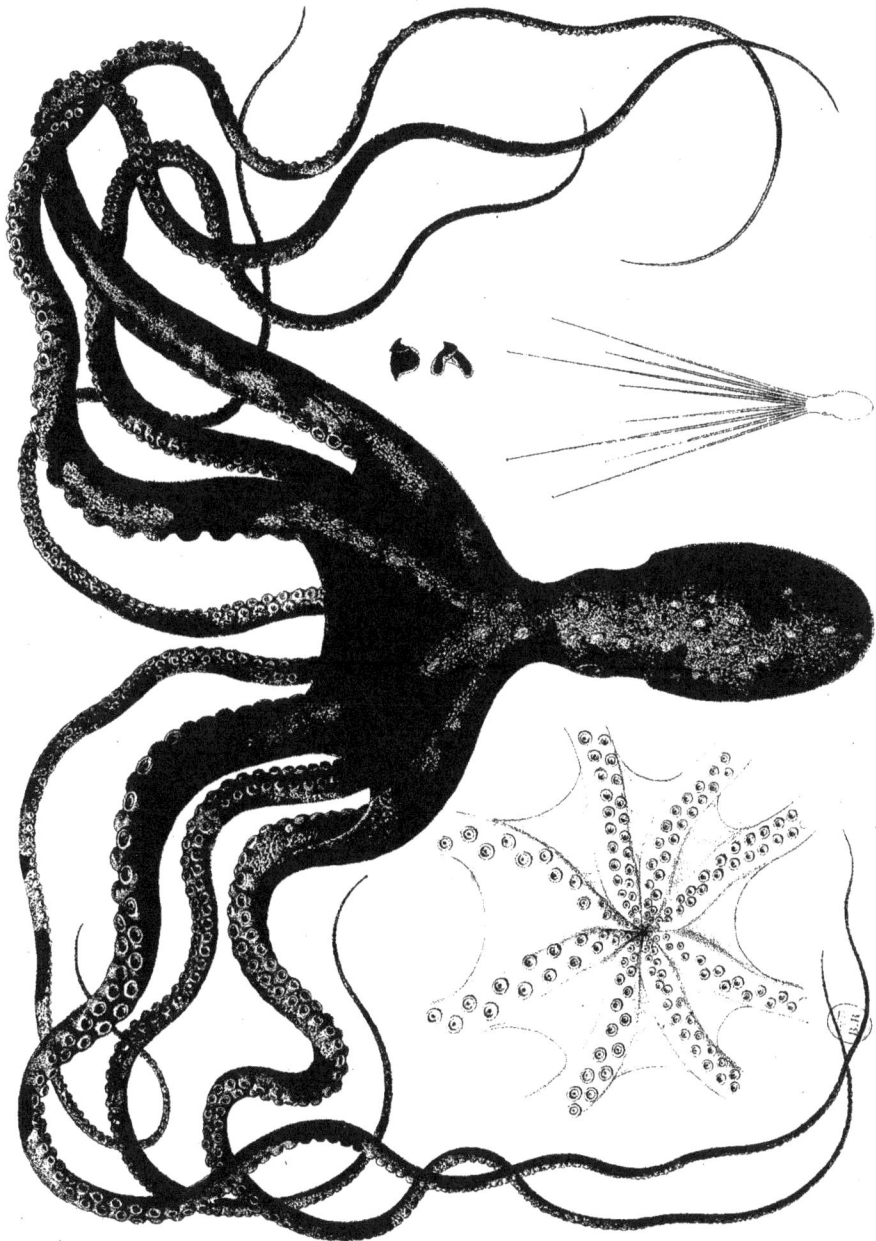

Ø. Macropus, Risso.

Acétabulifères.

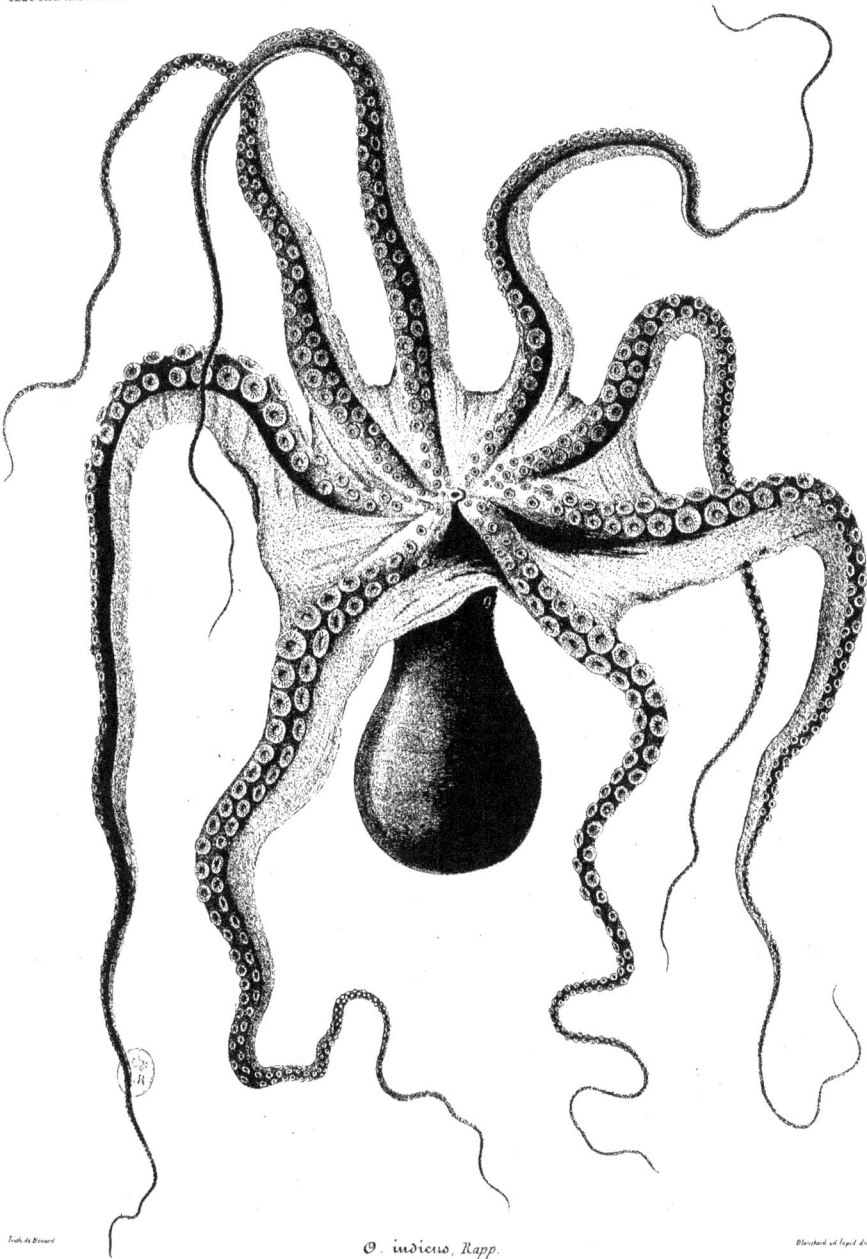

O. indicus, Rapp.

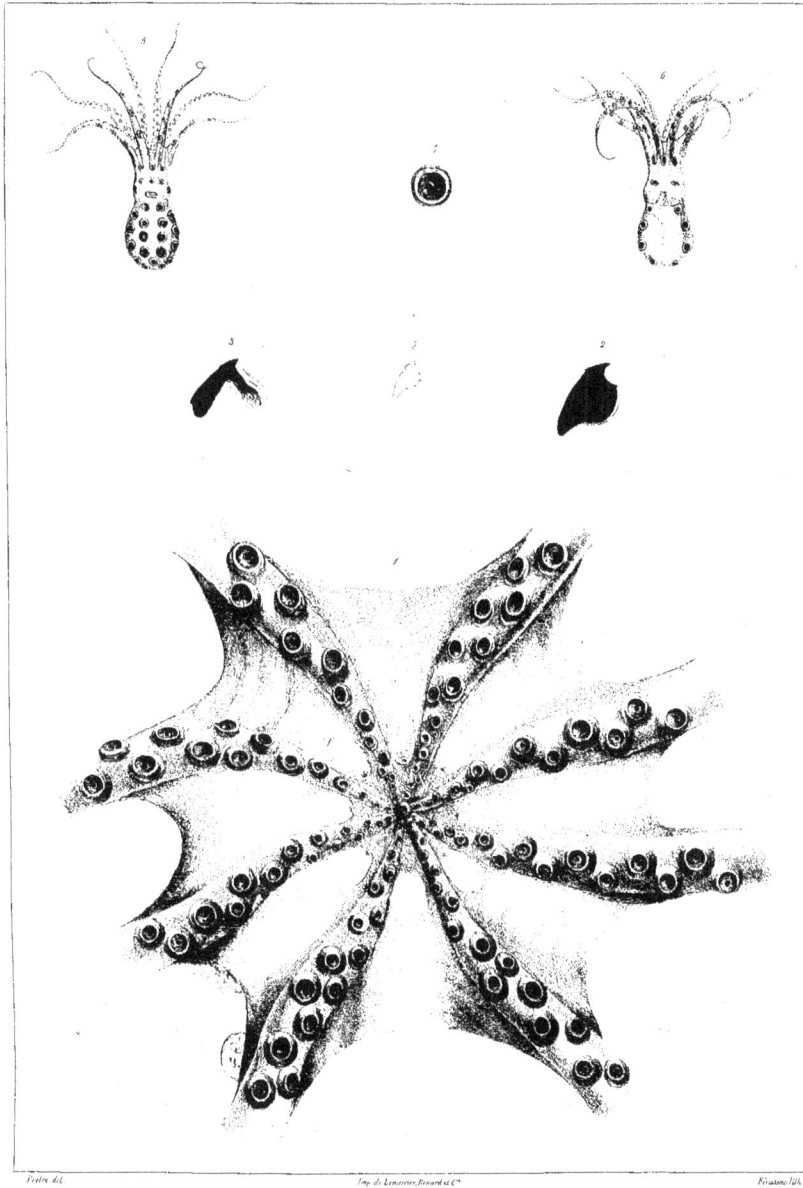

Pretre del.   Imp. de Lemercier, Bénard et C.   Friauno lith.

1, 4. Octopus indicus, Rapp. 5,7 Octopus lunulatus. Quoy et Gaim

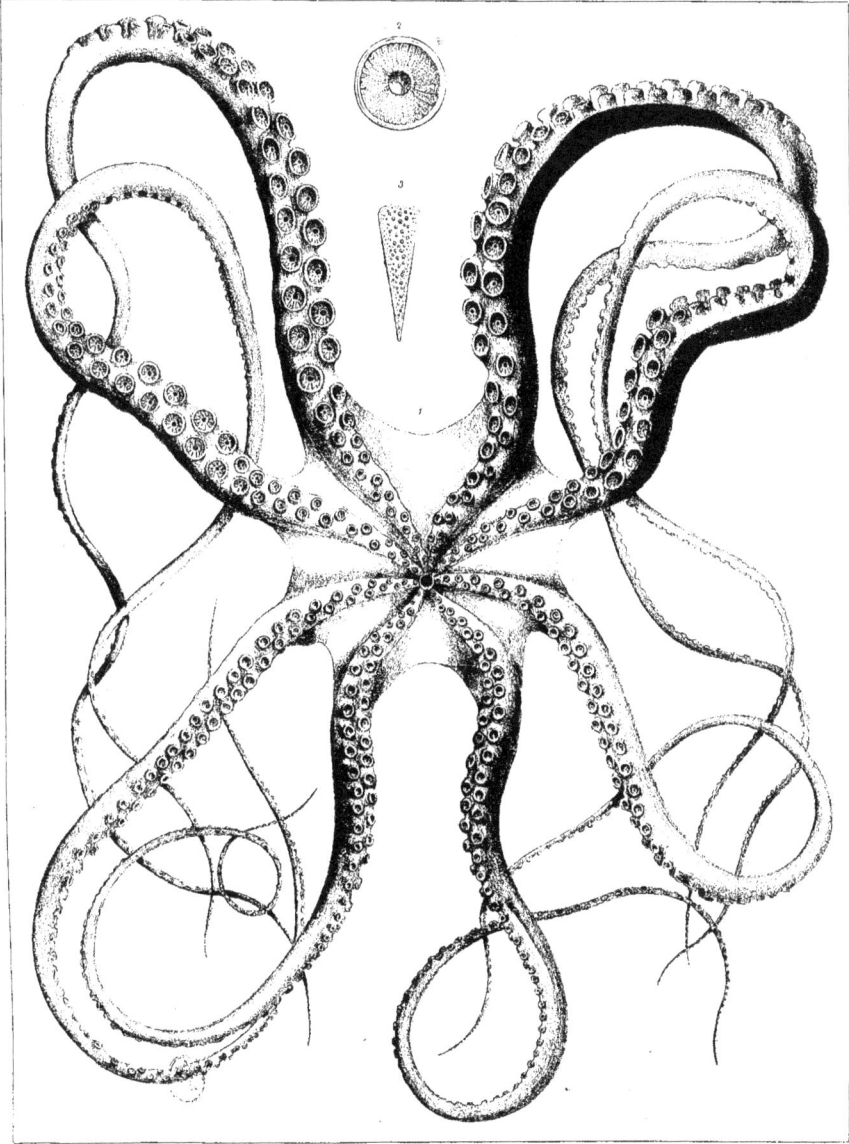

Prêtre pinx.   Imp. de Lemercier Bénard et C.ⁱᵉ   Ferrand sc.

1, 2, 3. Octopus cuvieri, d'Orbigny.

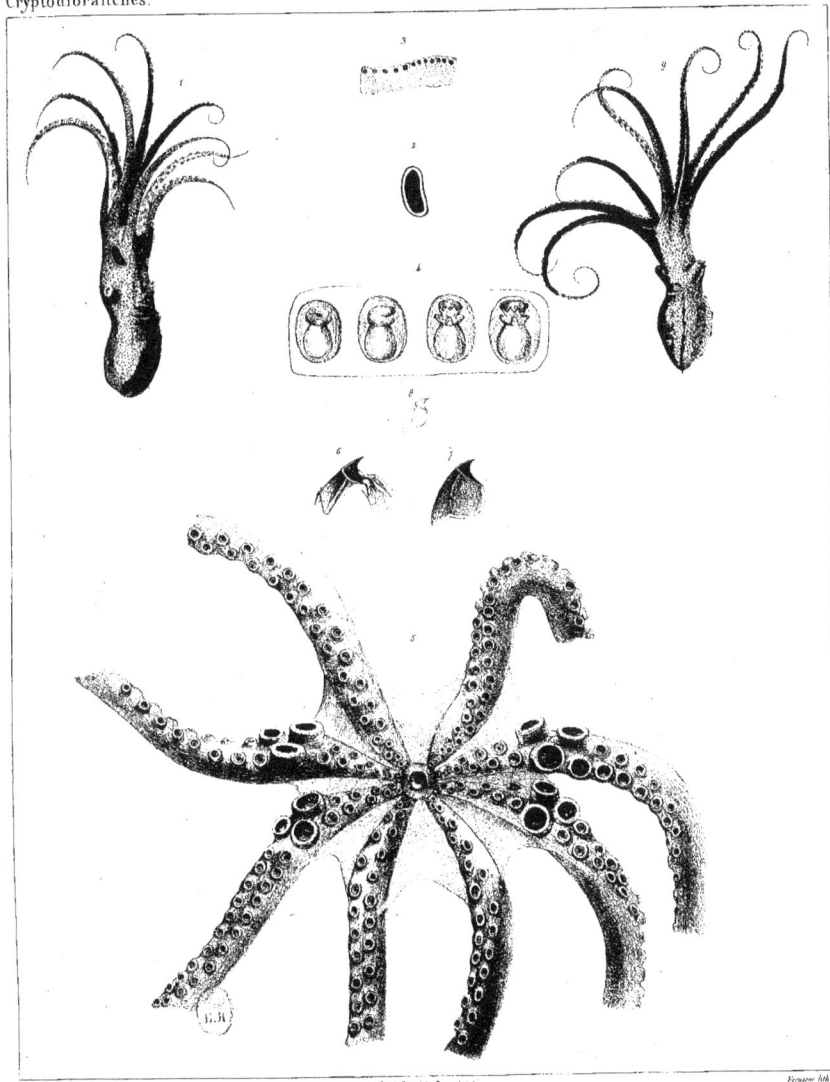

1,4. Octopus membranaceus, Quoy & Gaimard. 5,8. Octopus Fontanianus, d'Orbigny. 9. Octopus superciliosus, Quoy et Gaimard.

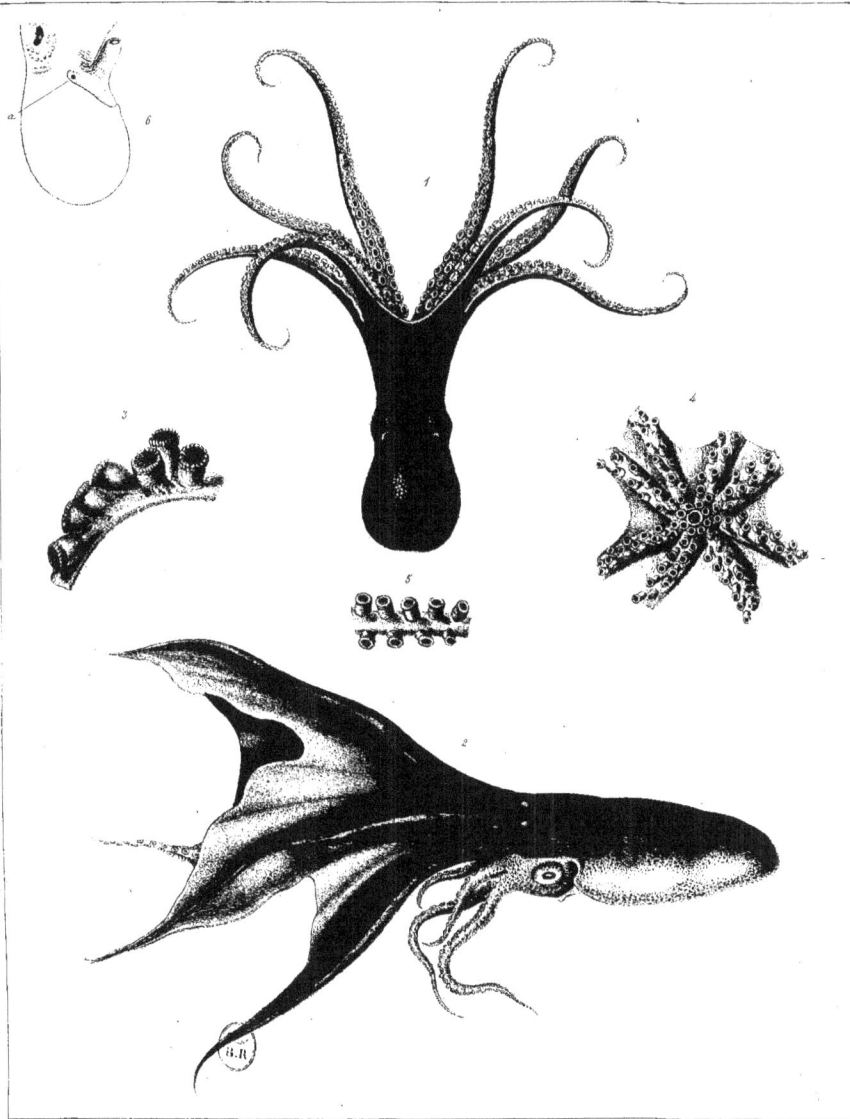

Im de Lemercier.Benard et C.

1. Octopus Fontainei, *d'Orbigny*. 2 - 4 Philonexis velifer, *d'Orbigny*. 5. P. Quoyanus, *d'Orbigny*.
6. Octopus vulgaris, *Lamarck*.

Cryptodibranches.

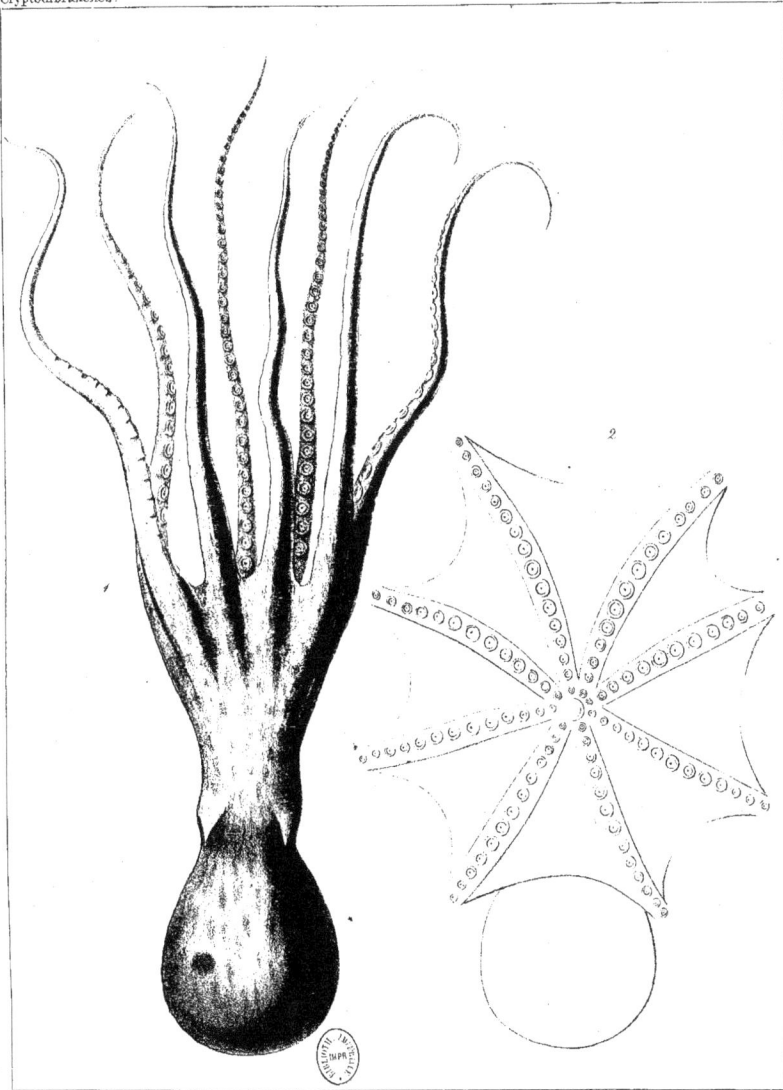

2

A. d'Orbigny pinx.   Atelier de Guérin.   Imp. Lith. de Bove, dirigé par Noël ainé et C.ie

E. Moschatus, Leach.

Cryptodibranches.

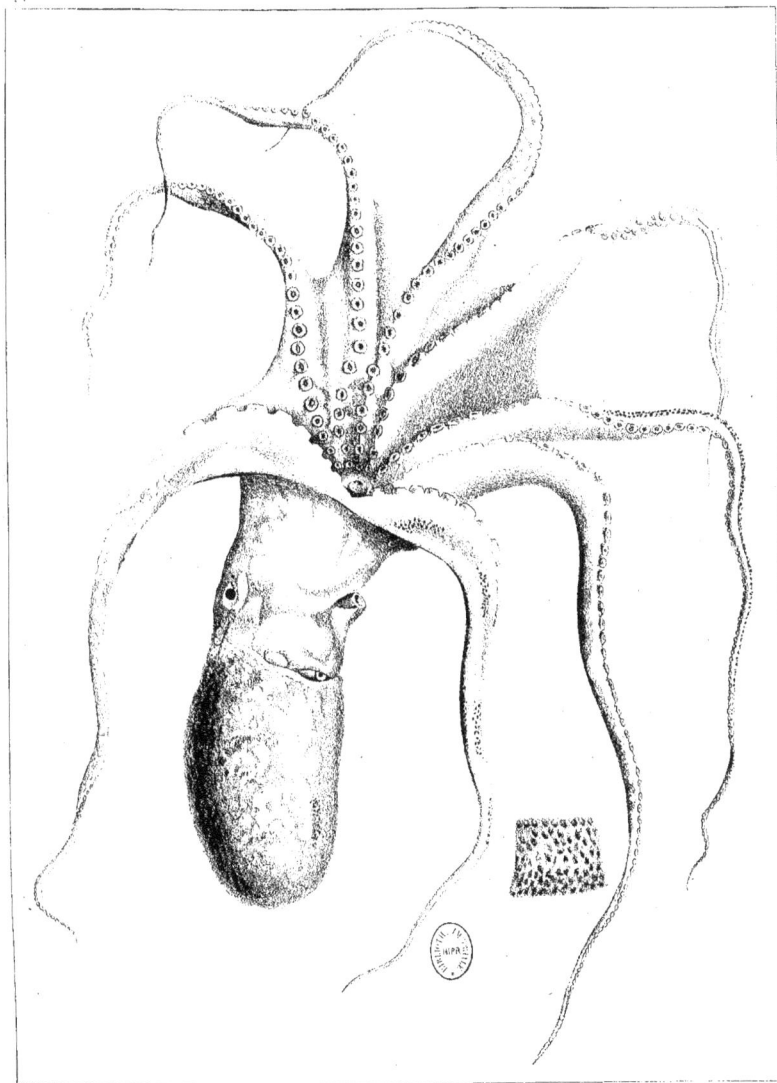

D'après Carus.   Atelier de Guérin.   Imp. lith. de Renou dirigée par Noël ainé & Cie

E. moschatus, Carus.

Cryptodibranches.

N. d'Orbigny pinx.

Atelier de Guérin.

Imp. Lith. de Bron dirigé par Mad. veuve et C.ᵉ

E. Cirrhosa, Leach.

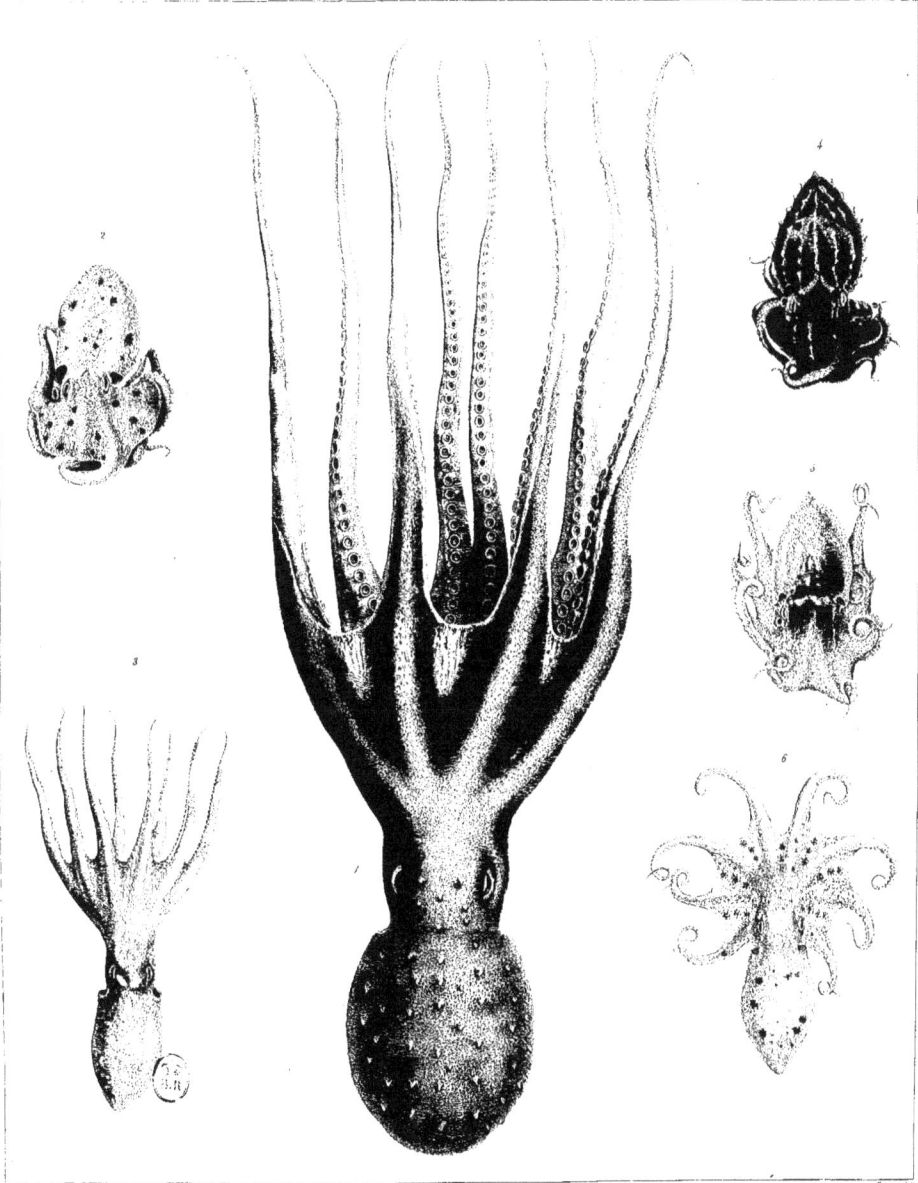

Eledone moschatus, Leach.

1 Vivant; 2 dans l'état de tranquillité; 3 dans la nage; 4 dans l'irritation; 5 dans le sommeil; 6 dans la marche au fond de l'eau.

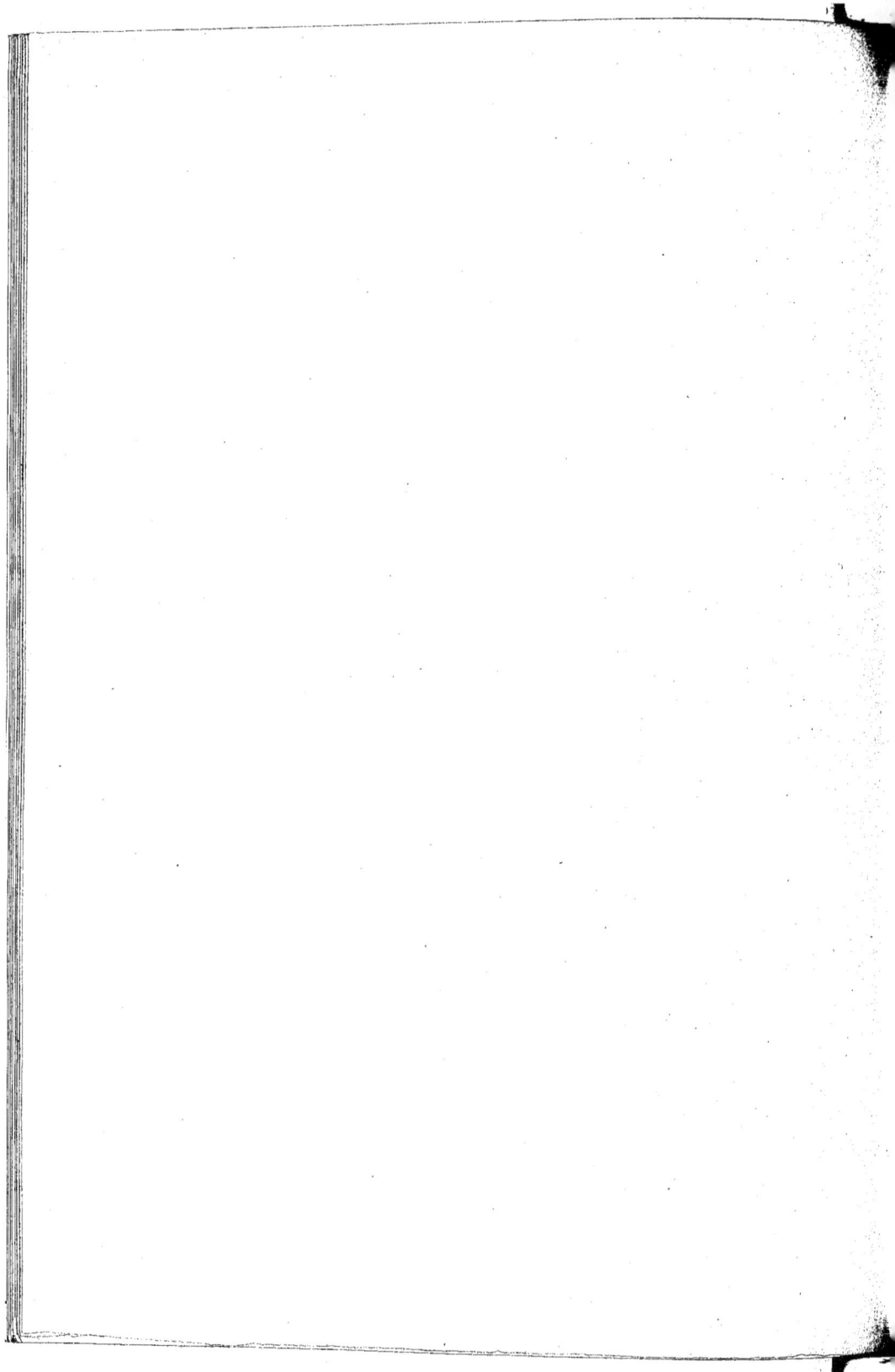

G. ARGONAUTE (ARGONAUTA) Pl. 1

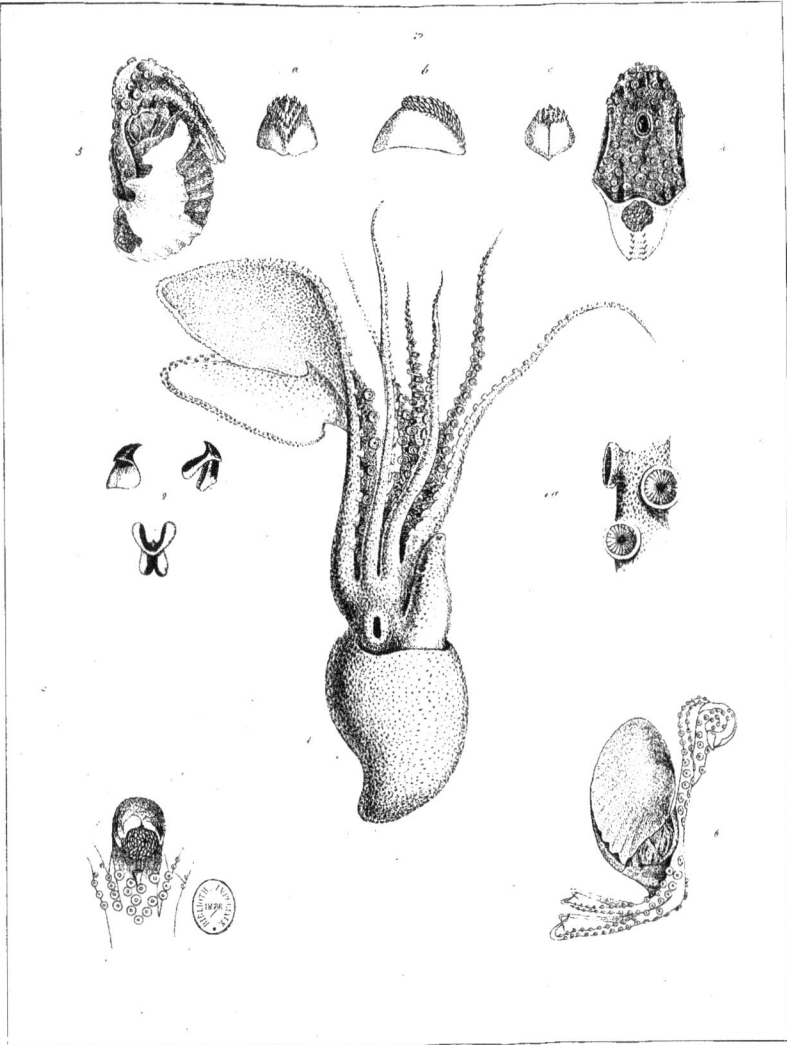

a. Argo, Linné.

Cryptodibranches.

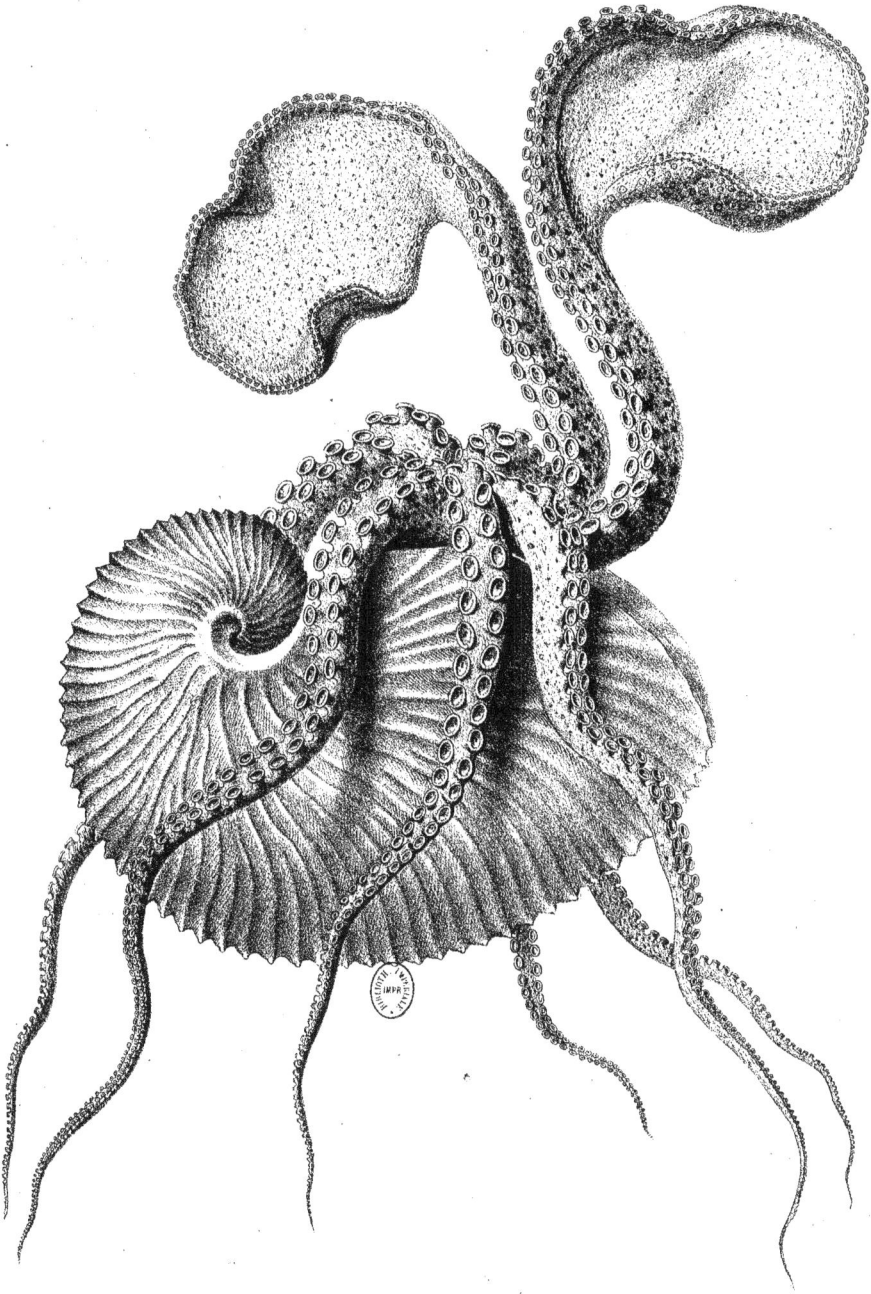

Morell. et Sixto del.   A. Chazal in lap. del.   Lith. de Delaporte.

A. Argo, *Linné.*

Cryptodibranches.

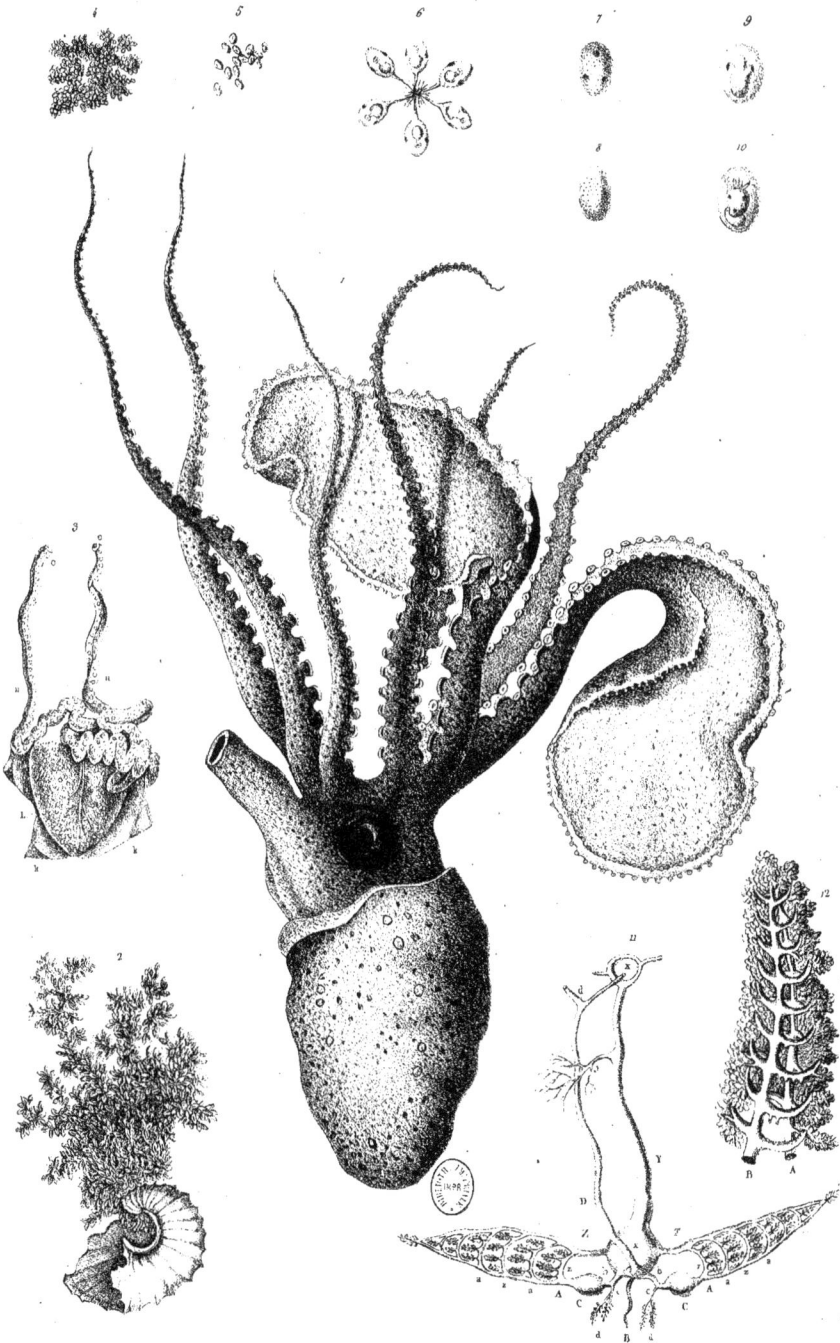

a. Argo. Linné.

Cryptodibranchés

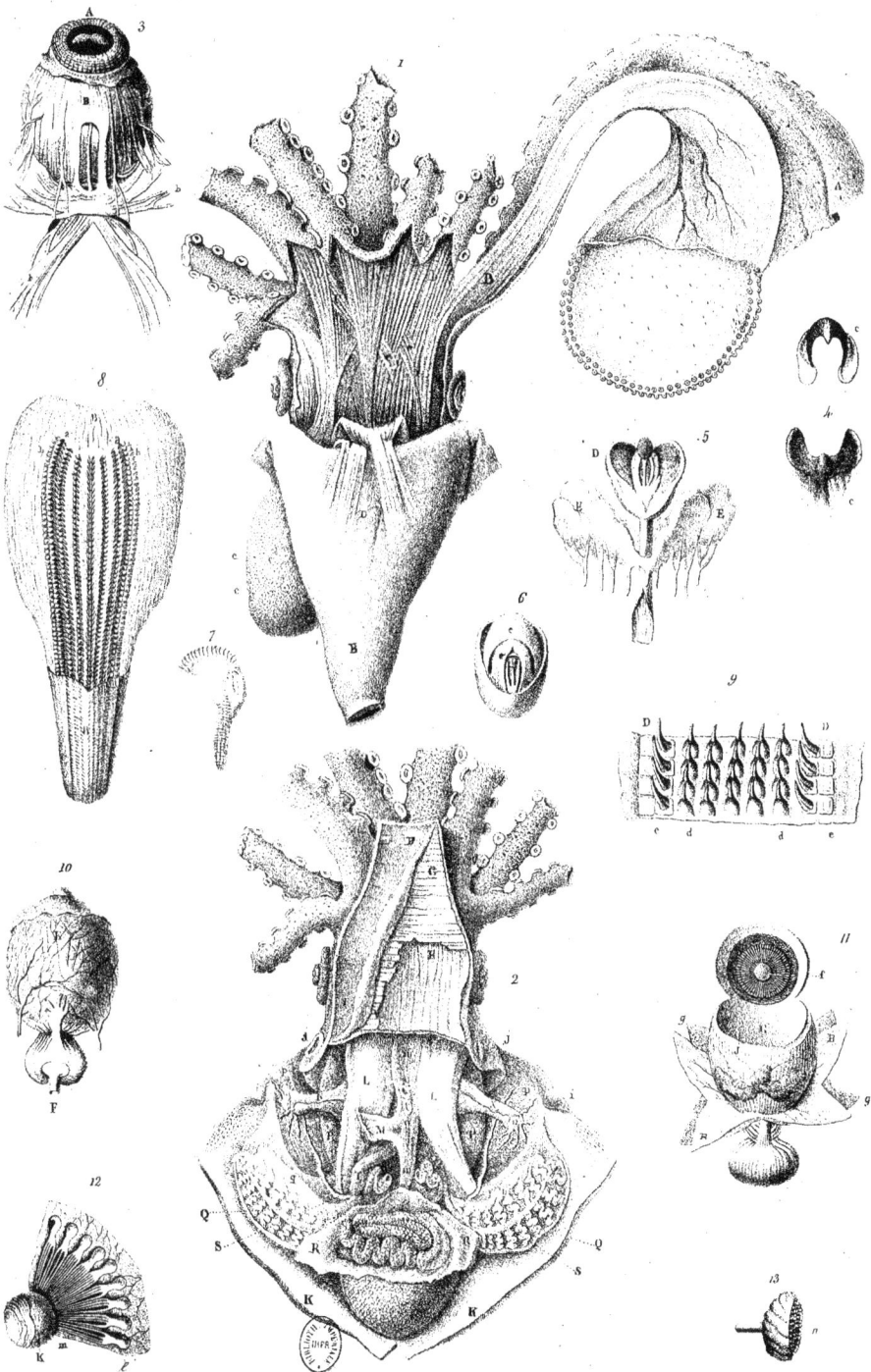

Morelli et Navarra del.   Chazal in lap del.   Lith. de Delaporte.

A. Argo Linné.

G. ARGONAUTE. *(ARGONAUTA) PL.1.er*

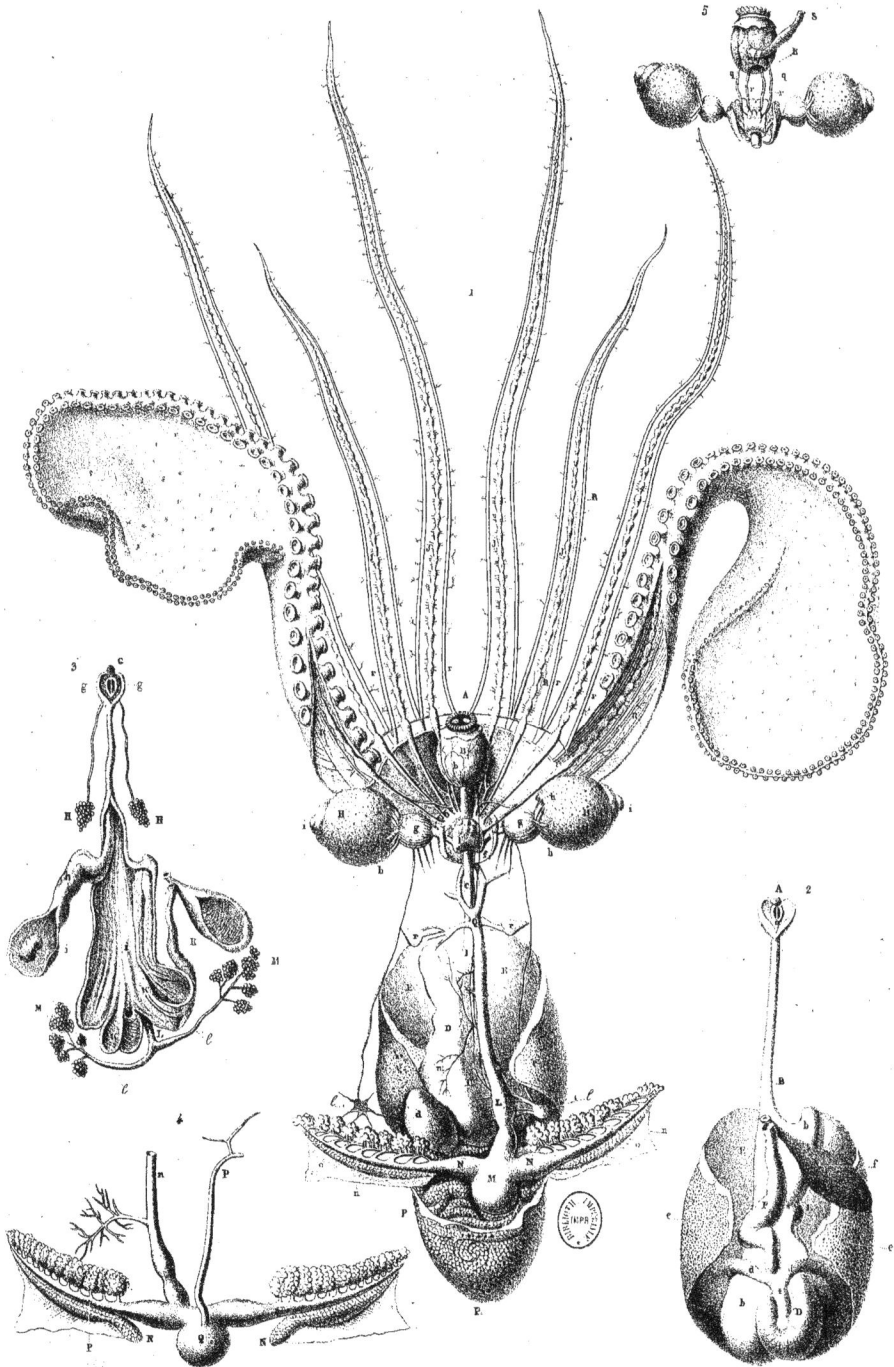

a.Argo. *Linné*.

Cryptodibranches

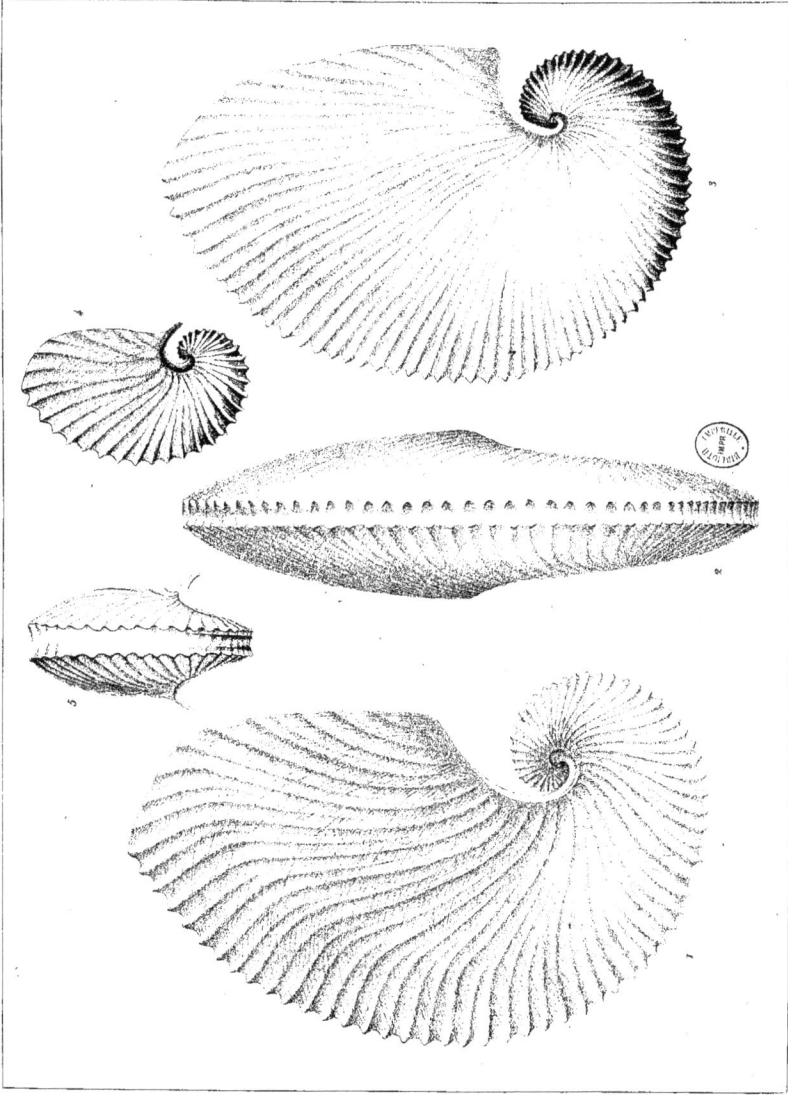

A. Argo; Linné.

Maître de Guérin.

N. Guérin pinx.t

Imp. lith. de Bove, dirigée par Veith ainé. S. Ce.

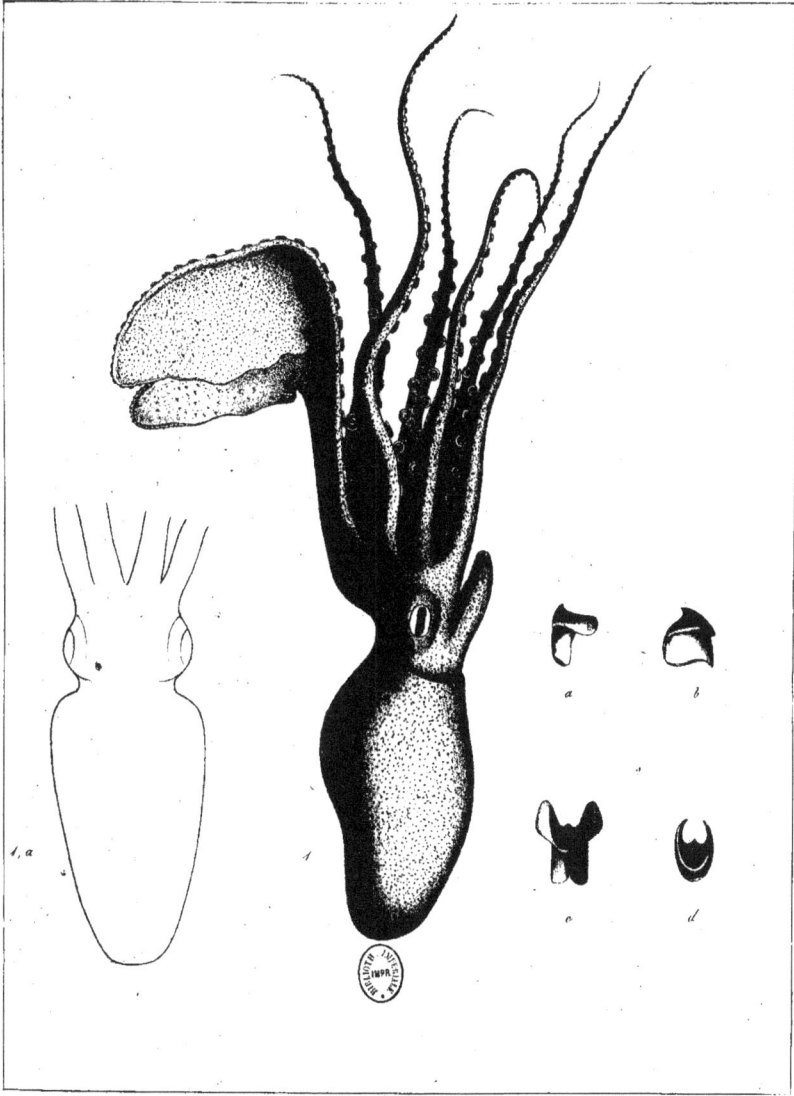

A. tuberculata, Lamarck

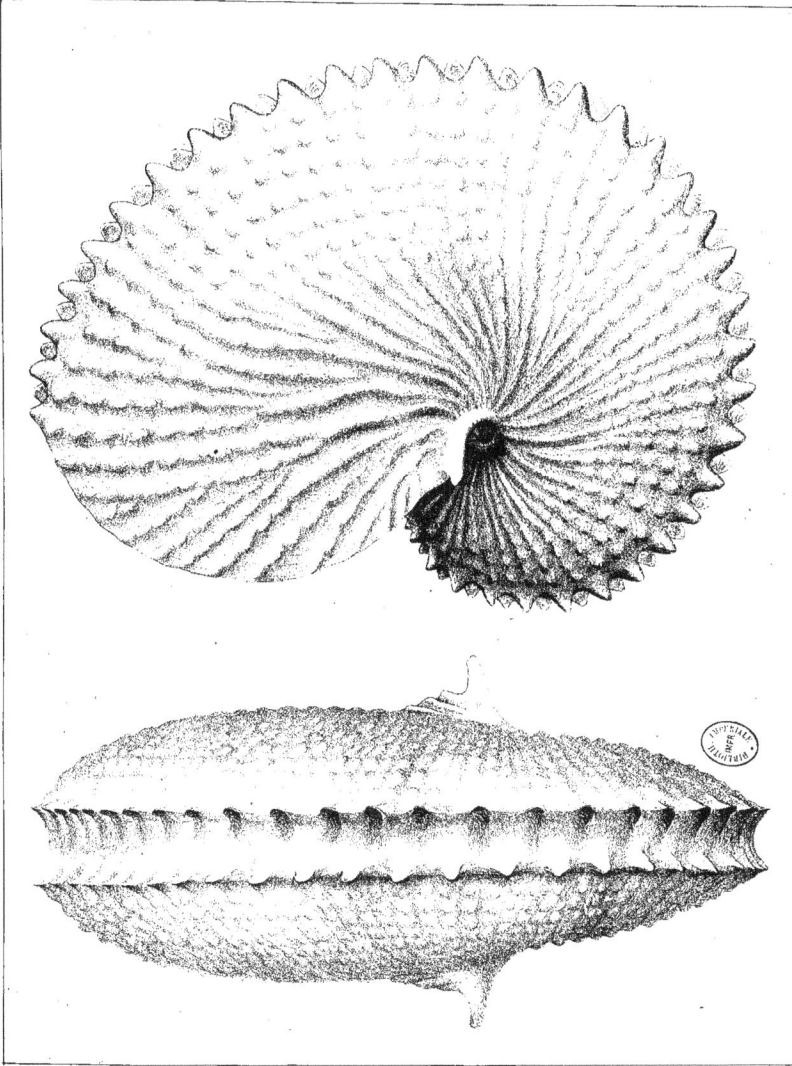

Cryptodibranches.

E. Guérin pinxt

Atelier de Guérin.

Imp. lith. de Bineé, Pirrigé par Aval aîné $\mathcal{S}^{te}$

O. tuberculata, Shaw.

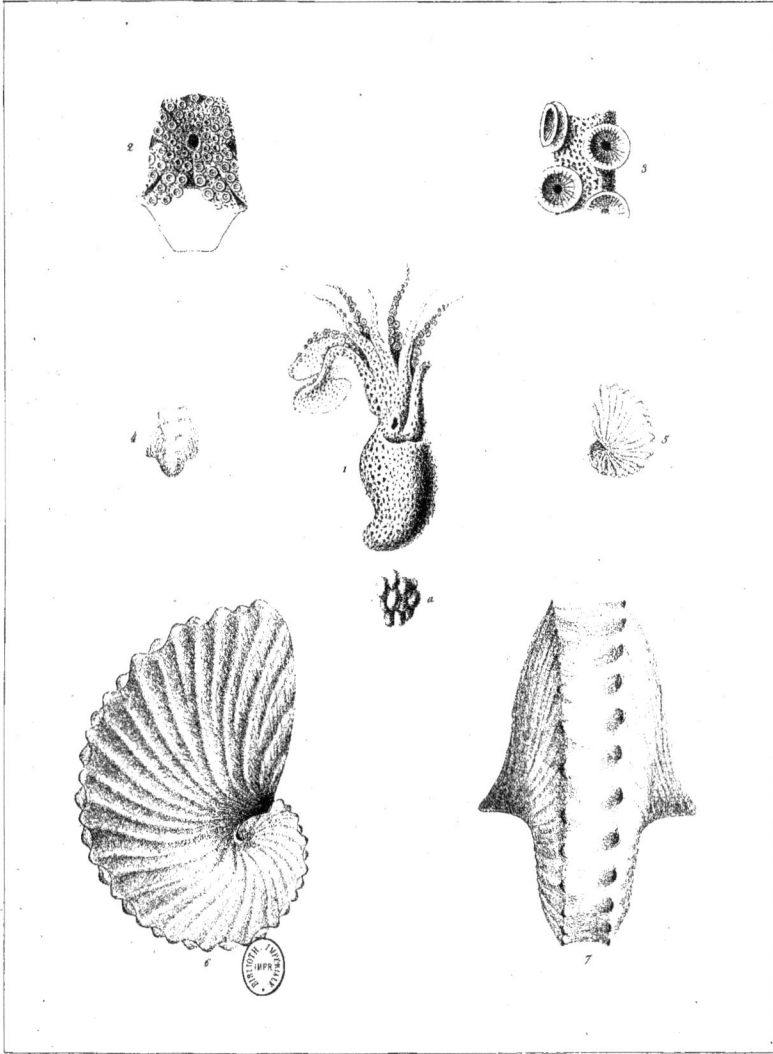

F. Guérin pinx.t   Atelier de Guérin.   Imp. lith. de Bove, dirigée par Noel ainé P. Comp.re

A. hians, *Solander.*

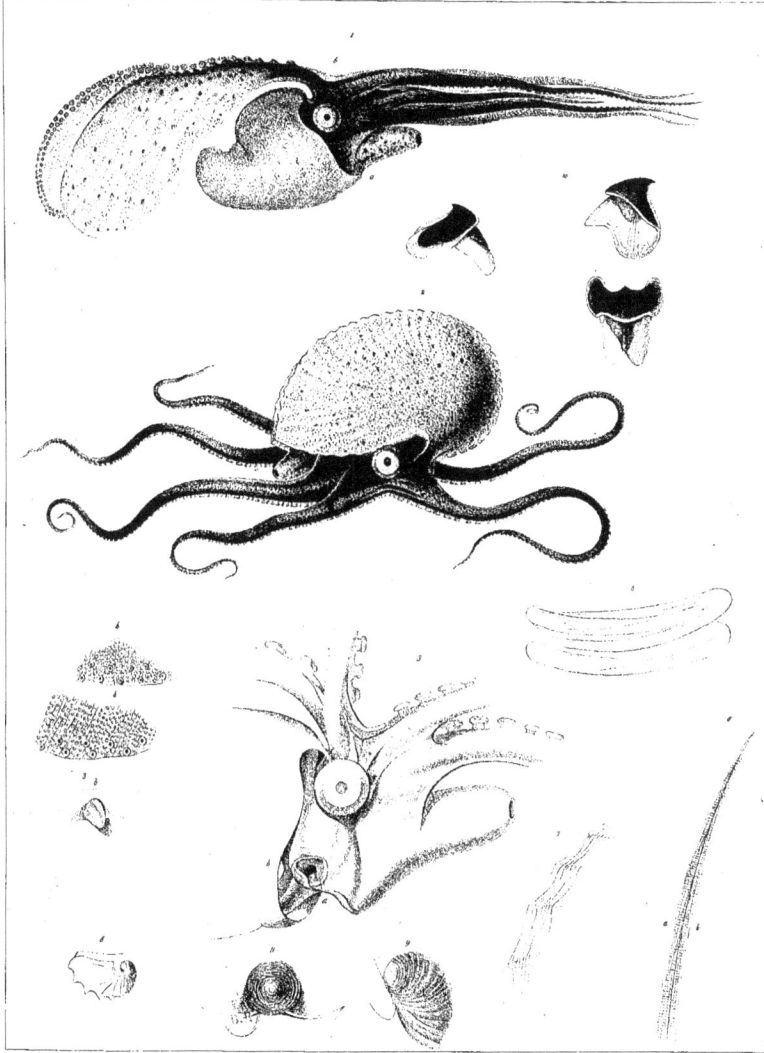

Prêtre pinx.   Imp. Lemercier, Bernard et C.ᵉ   J. Delarue lith.

Argonauta argo Linné.

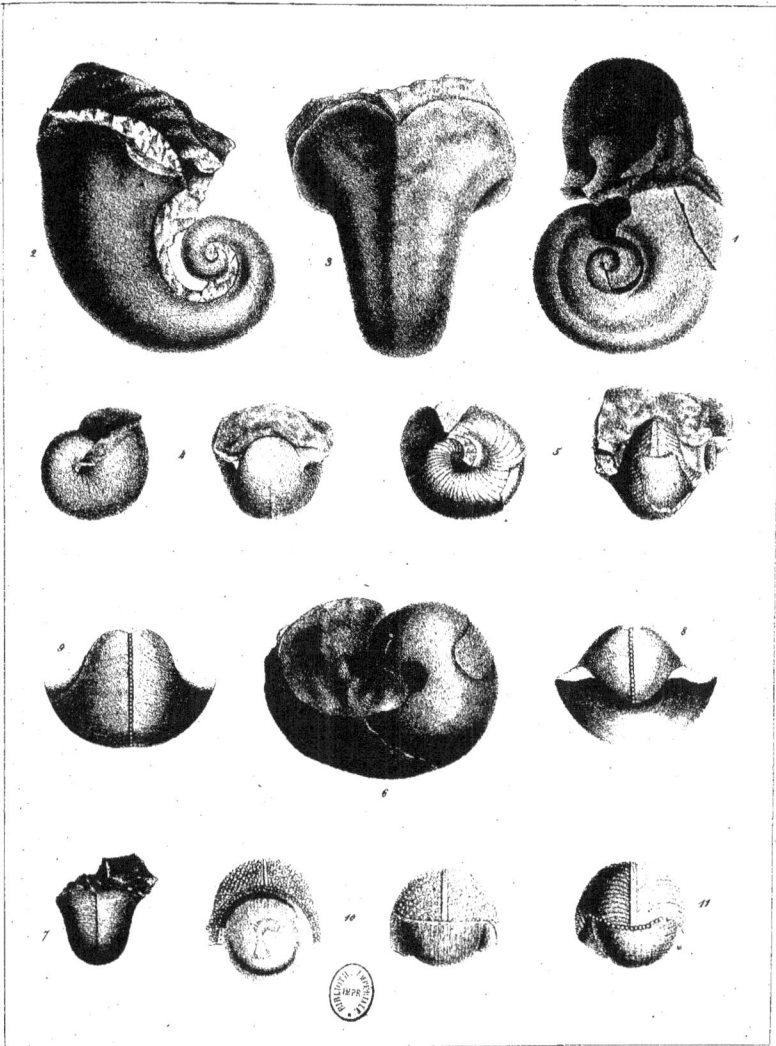

1. B. apertus, Sow.; 2, 3. B. Cornu-arietis, Sow.; 4. B. hiulcus, Sow.; 5. B. costatus, Sow; 6,7. B. tenuifascia, Sow;
8,9. B. vasulites, Montf.; 10. B. tuberculatus, Féruss.; 11. B. striatus, Féruss.

Céphalopodes Cryptodebranches.

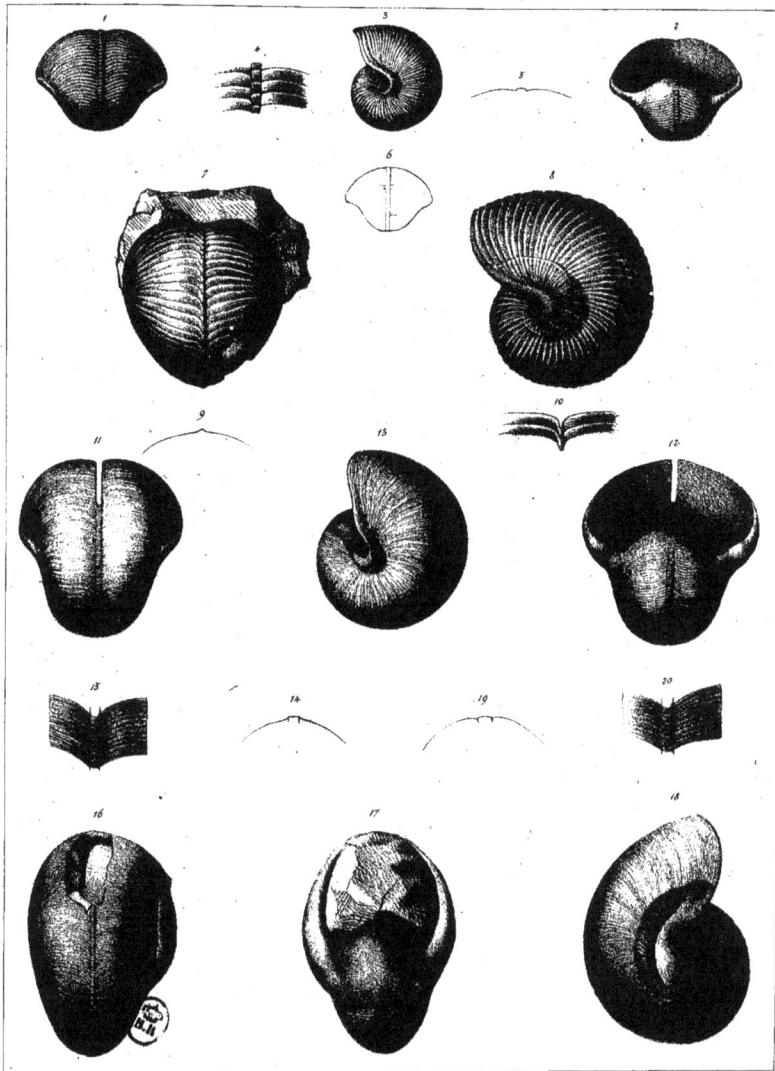

Oudart Del.

Lith. Roger et C.ᵉʳ Richer, 7.

1 à 6. Bellerophon vasulites, Montfort. 7 à 10. B. Ferussaci, d'Orbigny. 11 à 15. B. Munsterii, d'Orbigny.

16 à 20. B. Dumonti, d'Orbigny.

Céphalopodes Cryptodibranches.

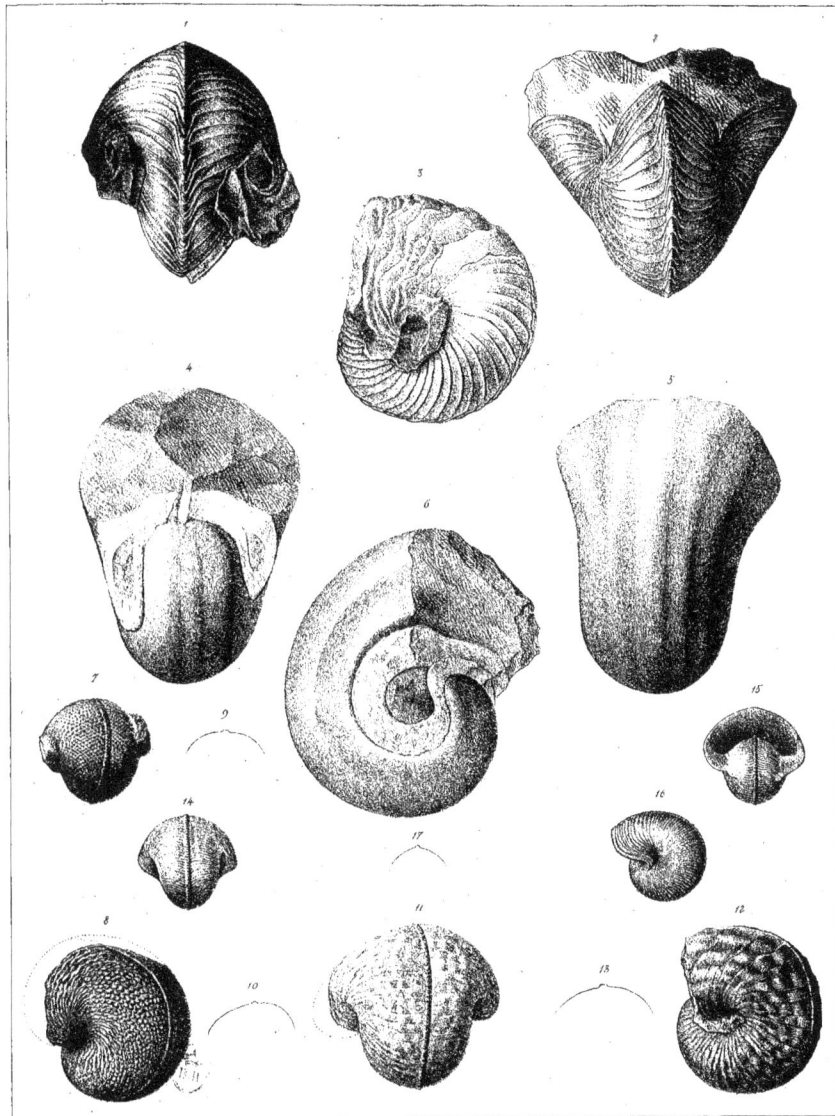

Oudart Del.

Lith.Roger et C.ie r.Richer, 7.

1 à 3 Bellerophon Blainvillii, d'Orbigny. 4 à 6. B. apertus Soverby. 7 à 10. B. tuberculatus Ferrussac. 11 à 13.

B. undulatus, Goldfuss. 14 à 17. B. lineatus, Goldfuss.

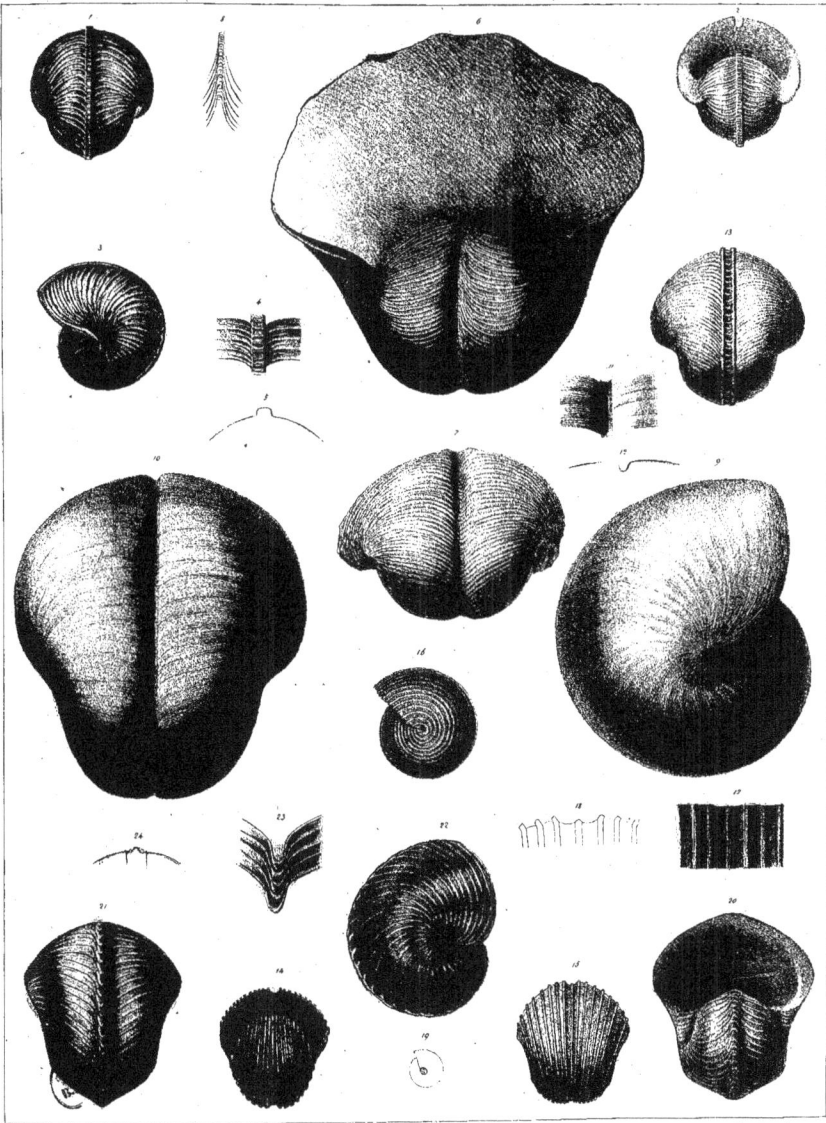

1, 5. Bellerophon striatus, Ferussac. 6, 8. B. canaliferus, Goldfuss. 9, 12. B. Coreii d'Orbigny. 13. B. Snuleus, Sowerby. 14, 19. B. atlantoïdes,

d'Orbigny. 20, 24. B. angulatus, d'Orbigny.

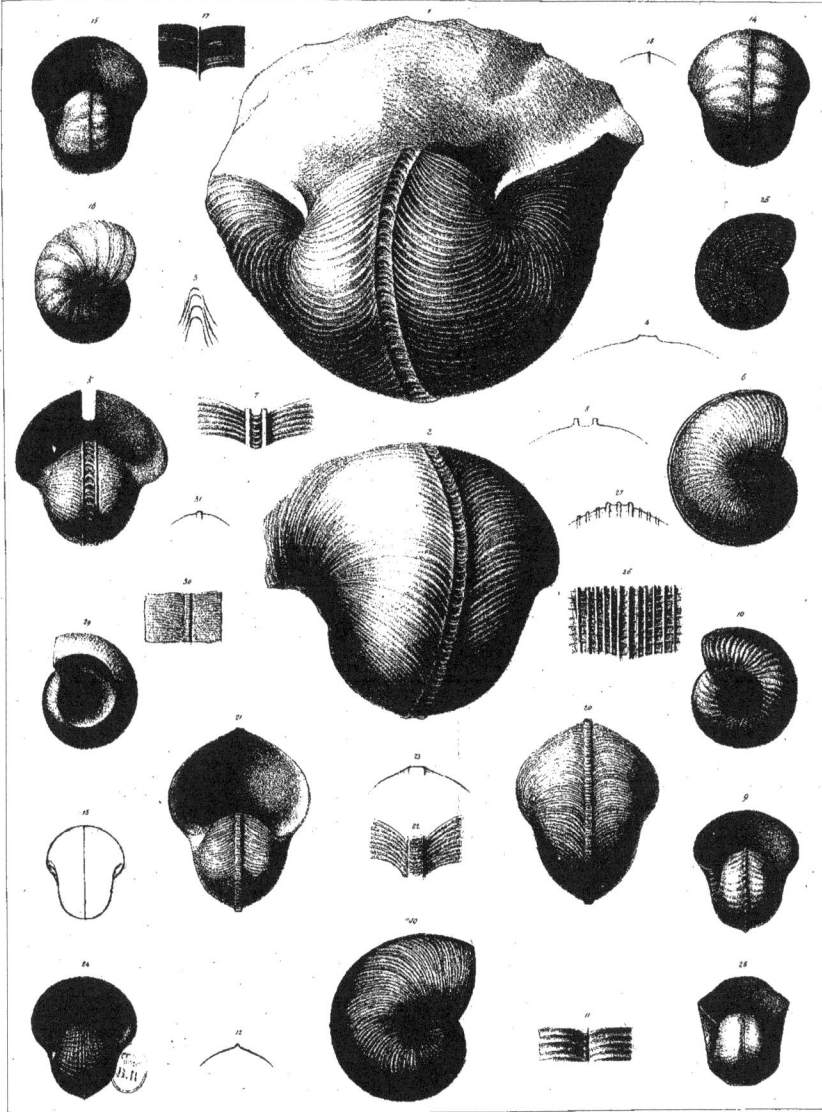

1, 4. Bellerophon *imbricatus, Goldfuss.* 5, 8. B. *huilens Sowerby.* 9, 13. B. *cortatus Sowerby. (Jeune.)* 14, 18. B. *Xemiifascia., Sowerby.* 19. 23. B. *sowerbyi, d'Orbigny.* 24. 27. B. *clathratus d'Orbigny.* 28, 31. B. *Goldfussii d'Orbigny.*

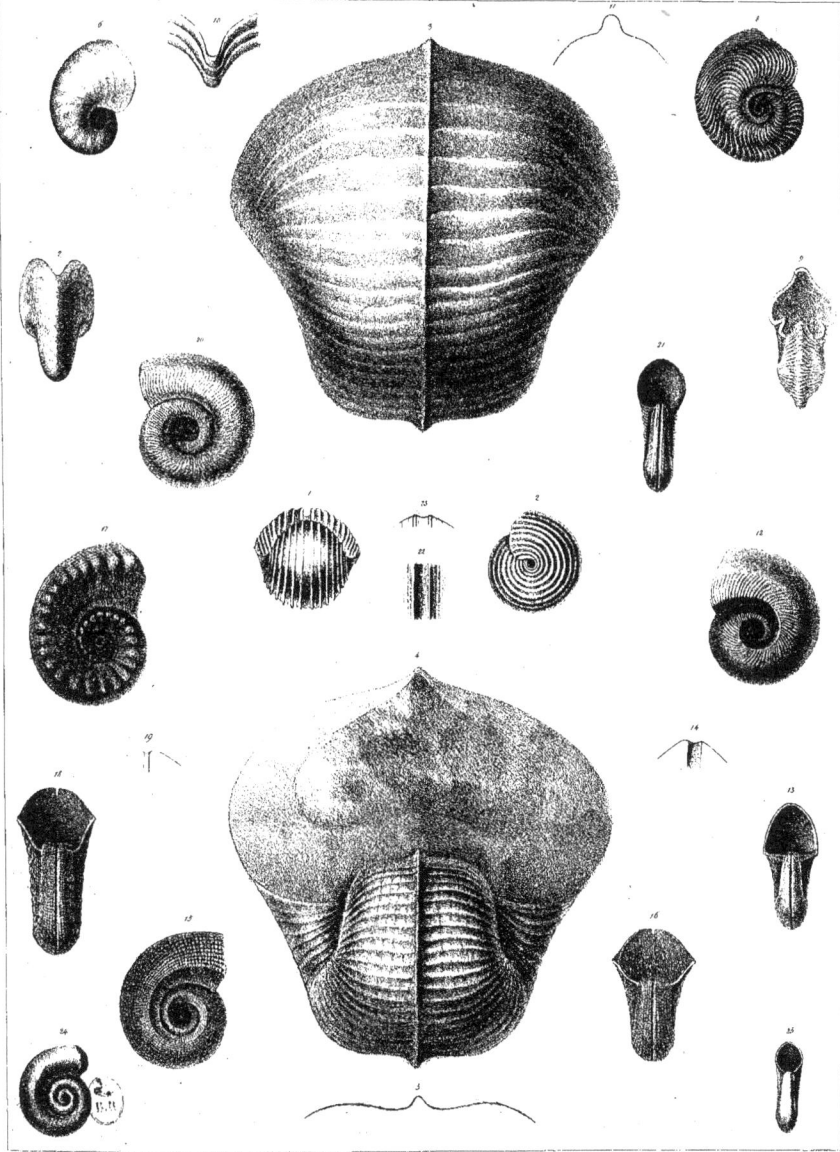

Oudart Lith.　　　　　　　　　　　　　　　　　　　　　　　Lith. Couleur richer, 7.

1, 2. *Helicophlegma Keraudrenii*, (Rone). 3, 5. B. costatus. Sowerby. 6, 7. B. Deslongchampsii. d'Orbigny. 8, 11. B. Chastelei. Leveillé. 12. 14. B.

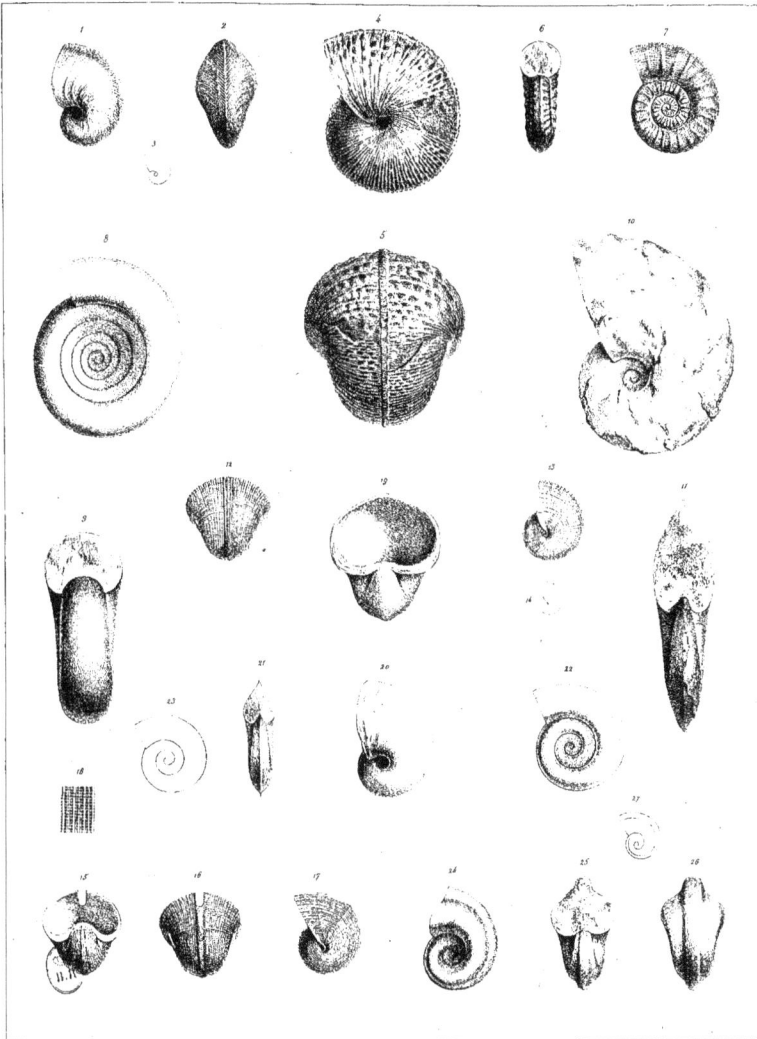

Delarue. lith.   Imp.Lemercier, Benard et C.

1.3 Bellerophon Murchisoni, d'Orbigny . 4,5. B_Striatus, Ferussac. 6,7. B_Edouardii, d'Orbigny . 8,9. B_
Pailletei,d'Orbigny 10,11. B_dubius, d'Orbigny 12.14. B_clathratus.d'Orbigny 15,18. B_elegans, d'Orbigny.
19.20. B_Troostii, d'Orbigny. 21,23. B_cultratus, d'Orbigny 24.27. B_tritobatus, Murchison .

G.CRANCHIE (*CRANCHIA*). *Pl. I.*

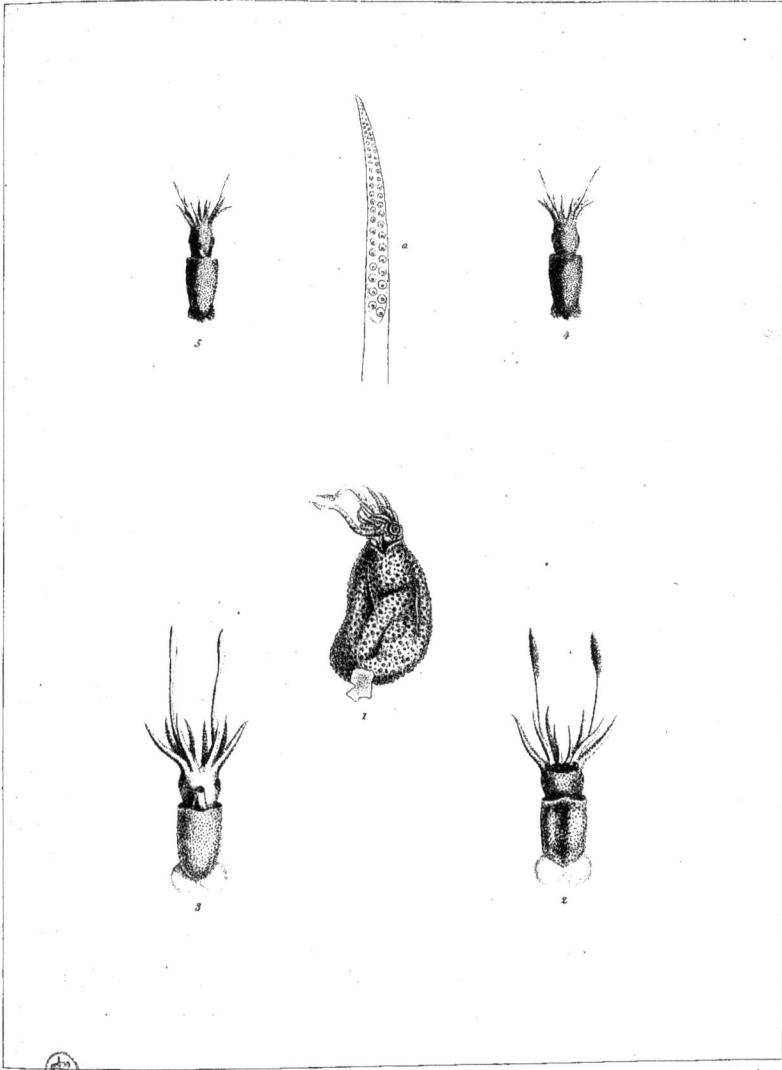

1, C. scabra, Leach; 2, 3, C. cardioptera, Péron; 4, 5, C. minima, Férussac.

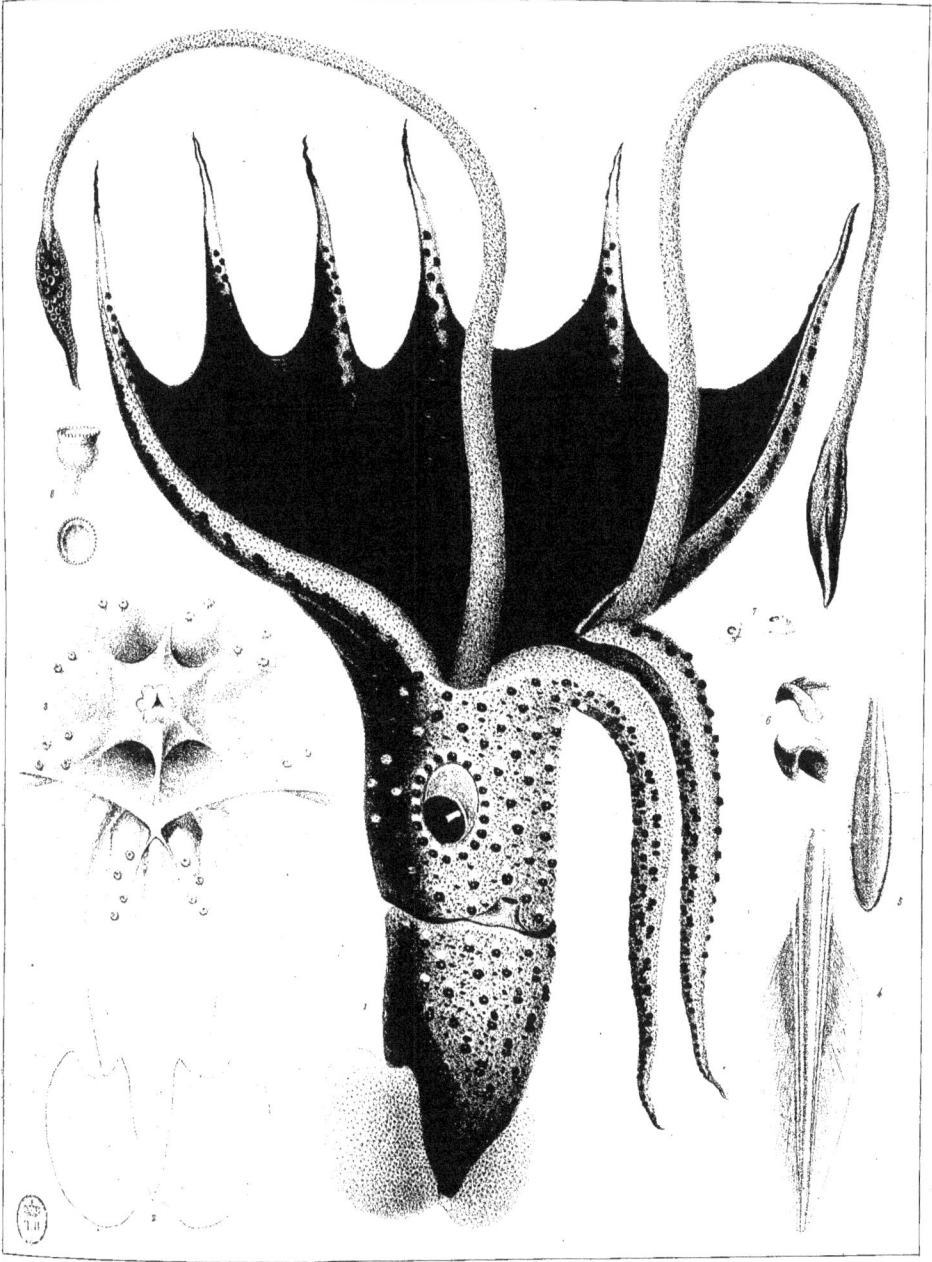

Cranchia Bonelliana, Férussac.

Cryptodibranches.

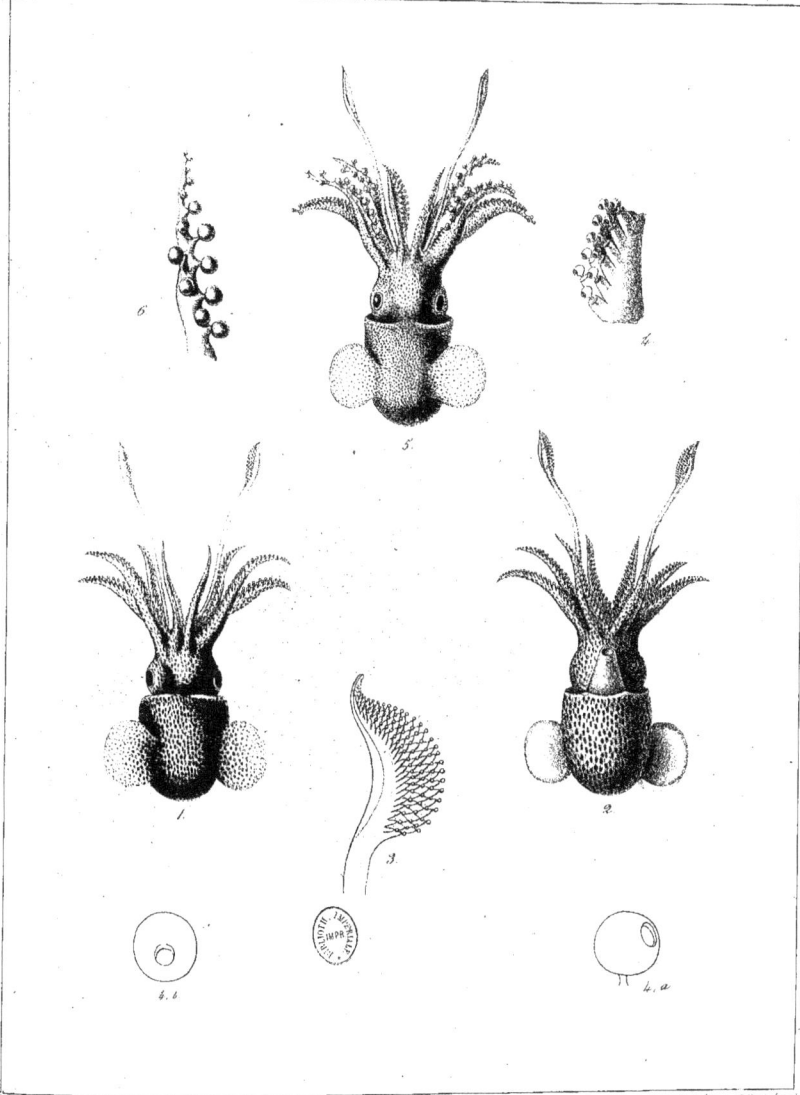

F. Guérin, pinx. Atelier de Guérin. Imp. Lith. de Bove dirigée par Noel ainé et C.ie

S. Rondeletii, Leach.

G. SÉPIOLE (SÉPIOLA) Pl. 2.

Barel et Sapit. del.?   Lith. de Renard.

Fig. 1-2, S. Stenodactyla, Grant; fig. 3-4, S. Granniana, Férussac
Fig. 5-13, son Anatomie ; fig. 14, S. Rondeletiana ouverte.

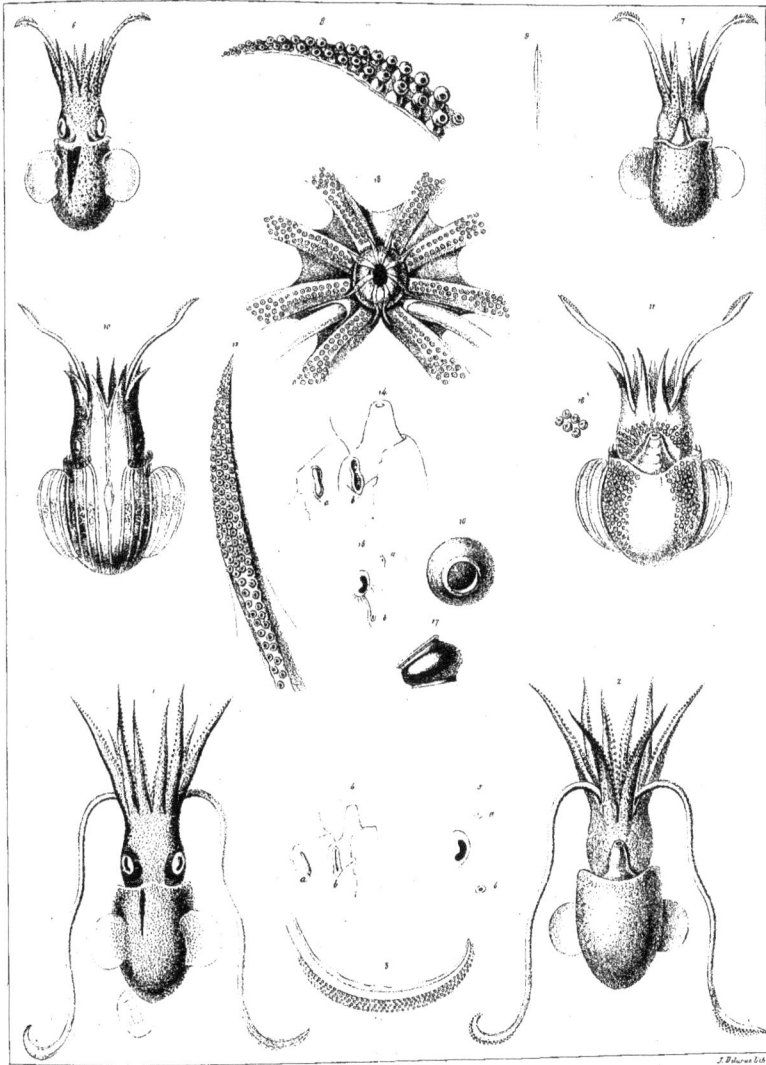

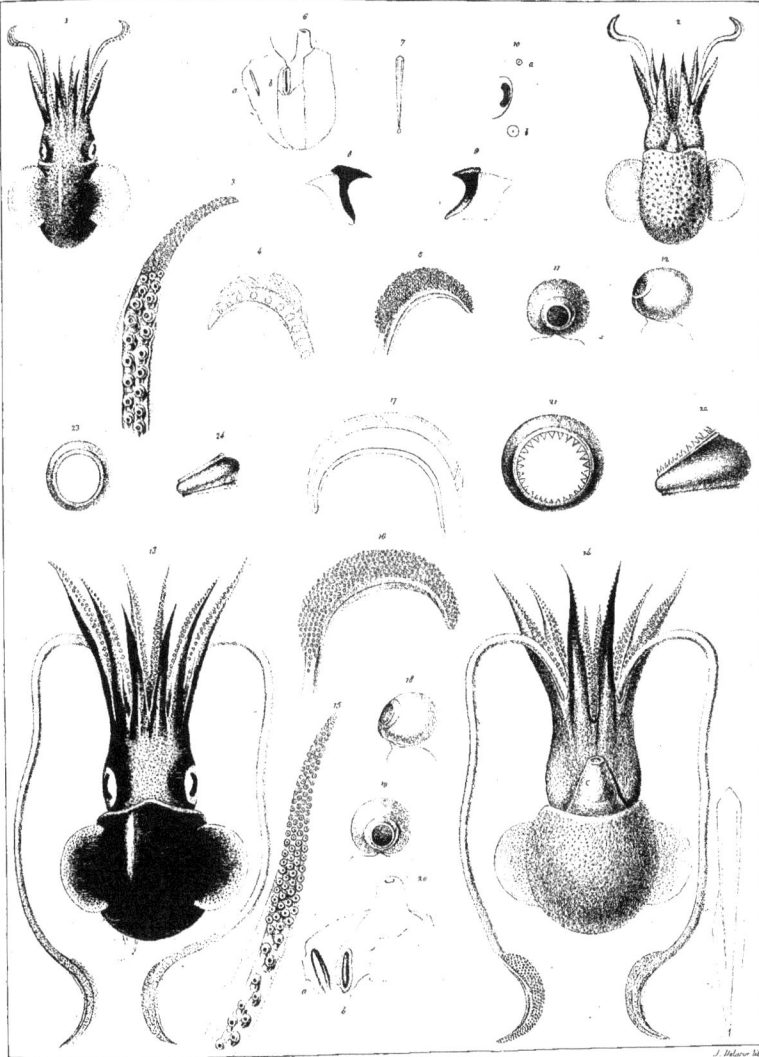

1.2, *Sepiola atlantica, d'Orb.* 13, 24 *Rossia macrosoma, d'Orb.*

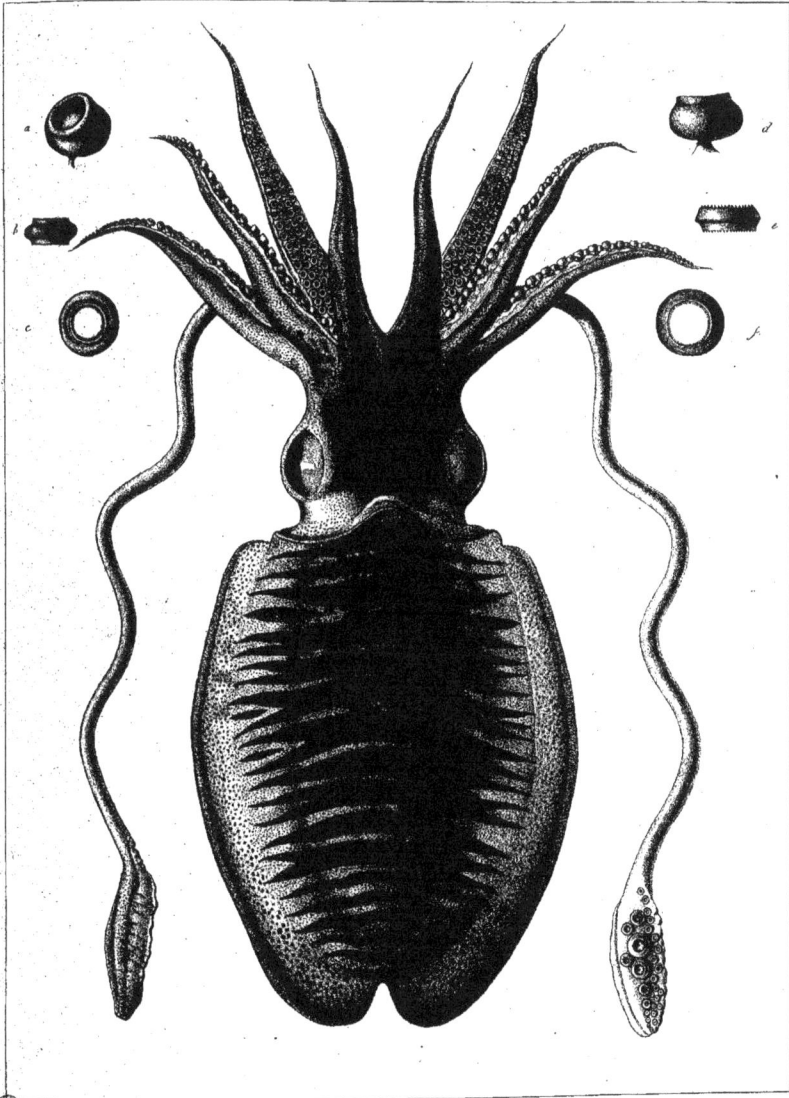

S. officinalis , Linné.

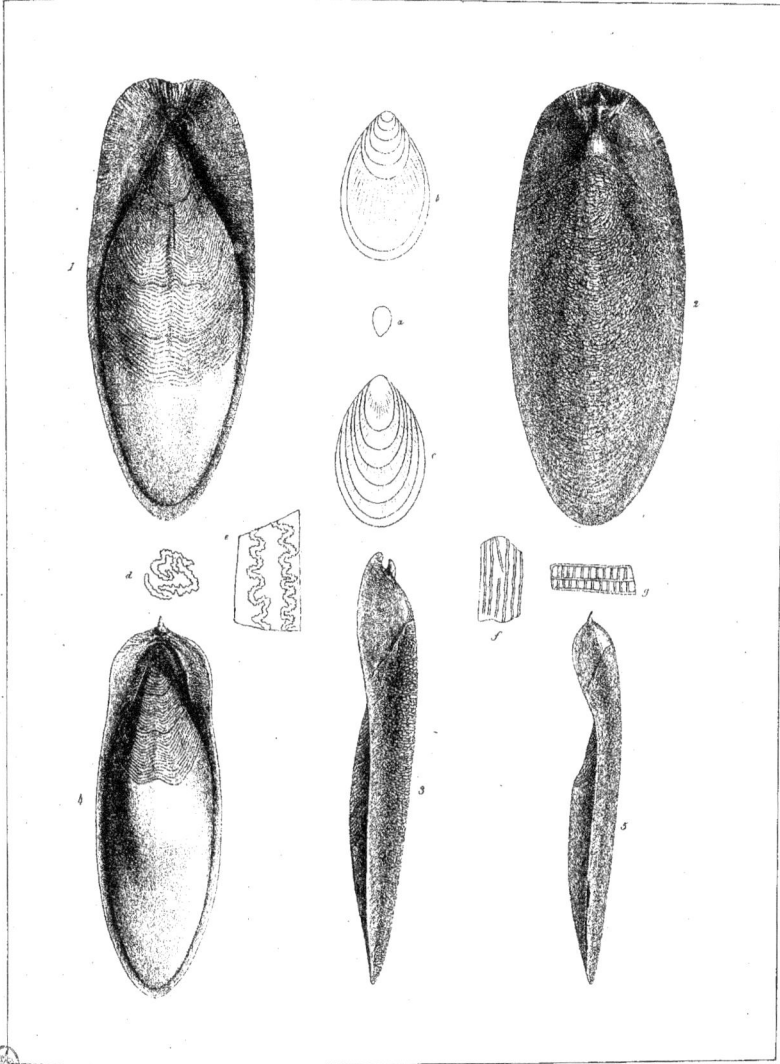

S. officinalis, Linné.

Cryptodibranchus.

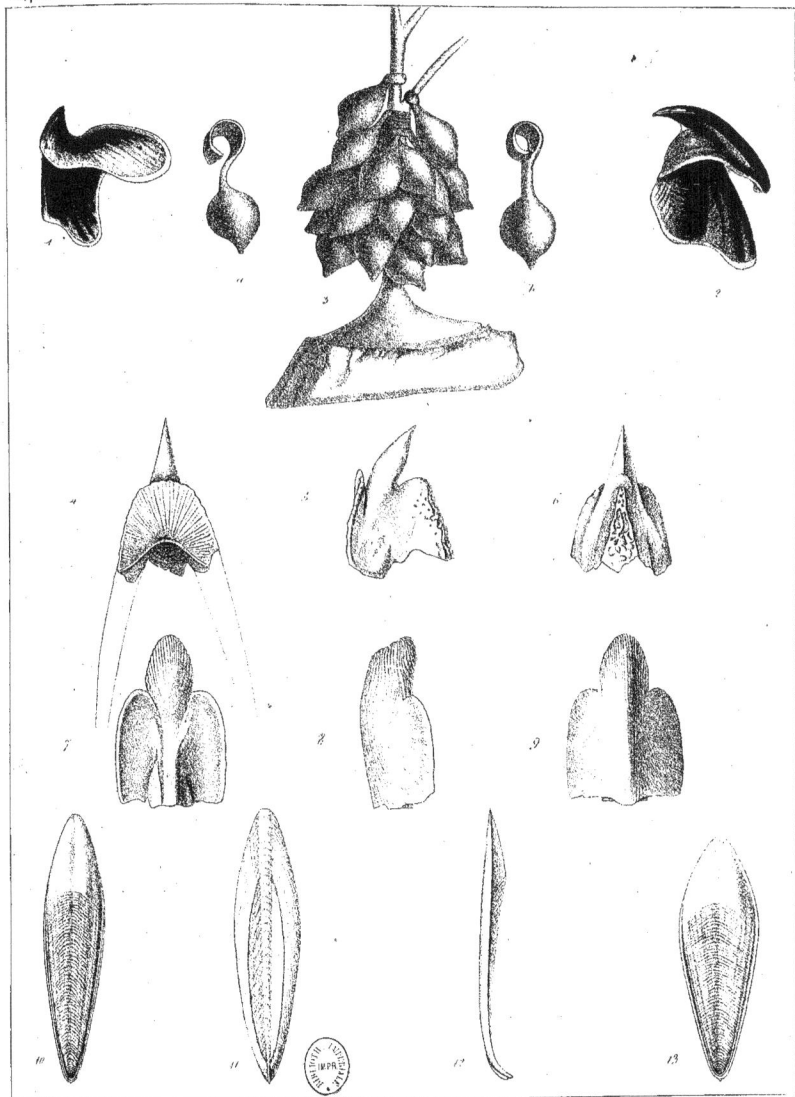

Prévost

Atelier d'Oudrat

Imp. Lith. de Jhose Dargis à Paris &

1 à 3 Becs et sac de la S. officinalis; 4 à 6 Sinostre fossile de la S. cuvieri d'Orbigny;
7 à 9 id de la S. parisiensis d'Orb;
10 à 13 Rudiment interne de la S. rupellaria d'Orb;

Cryptodibranches.

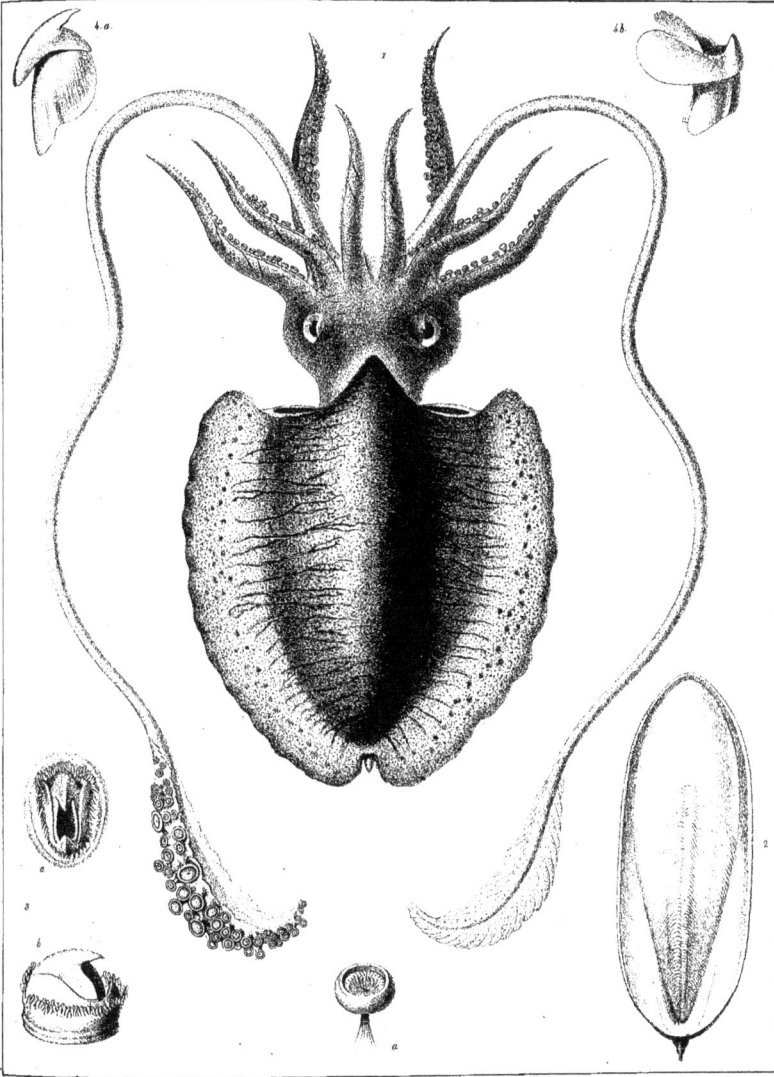

Sepia vermiculata *Quoy et Gaymard*

Cryptodibranches.

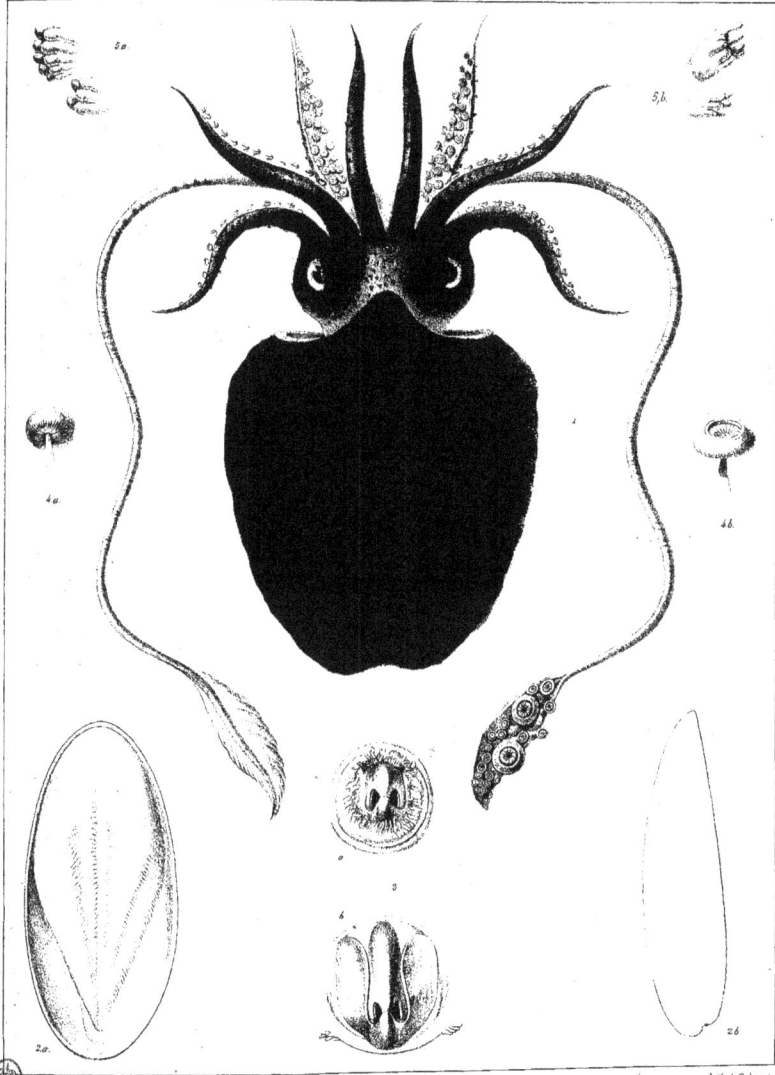

Sepia papillata, *Quoy et Gaymard.*

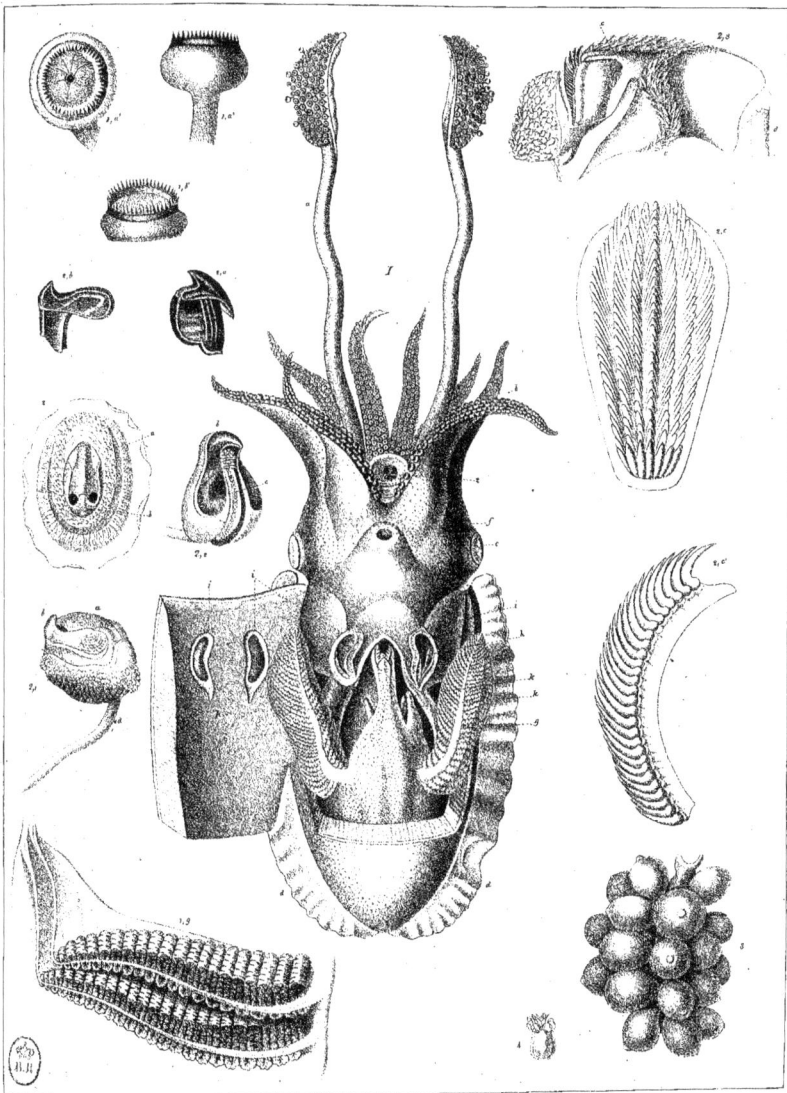

Sepia Savigniana. Férussac.

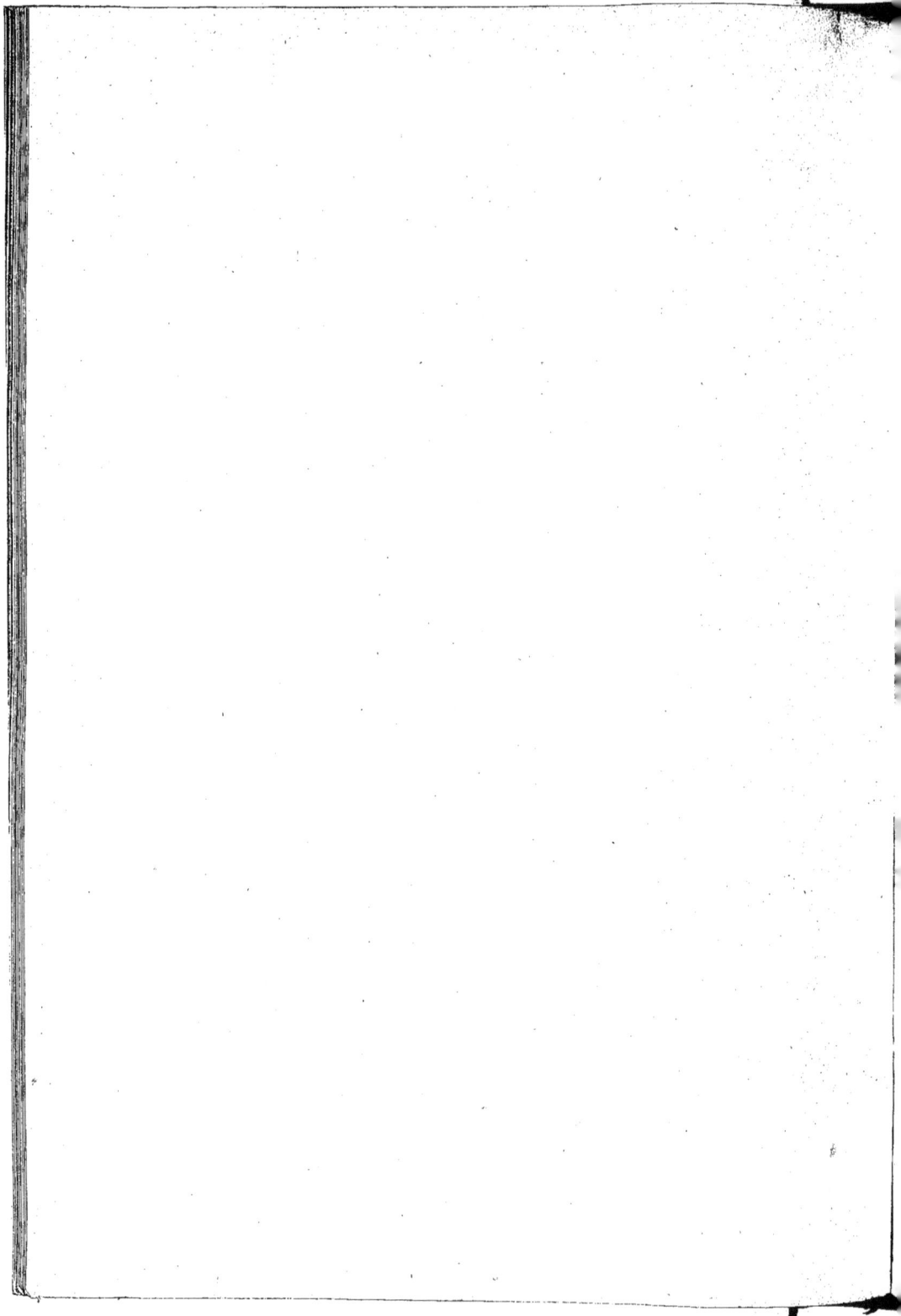

G. SEICHE. (*SEPIA*). *Pl. 4 bis.*

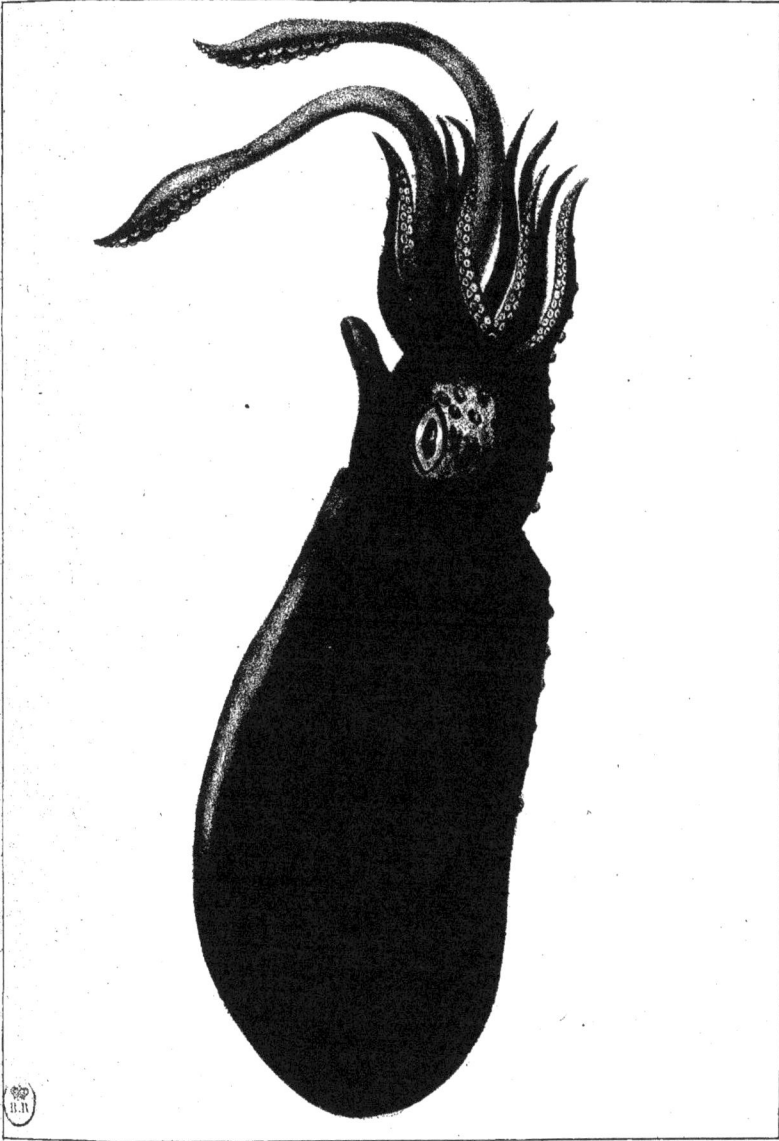

Sucker del.   M. Rong lith.   Lith. de Langlumé.

S. mammilata, *Leach.*

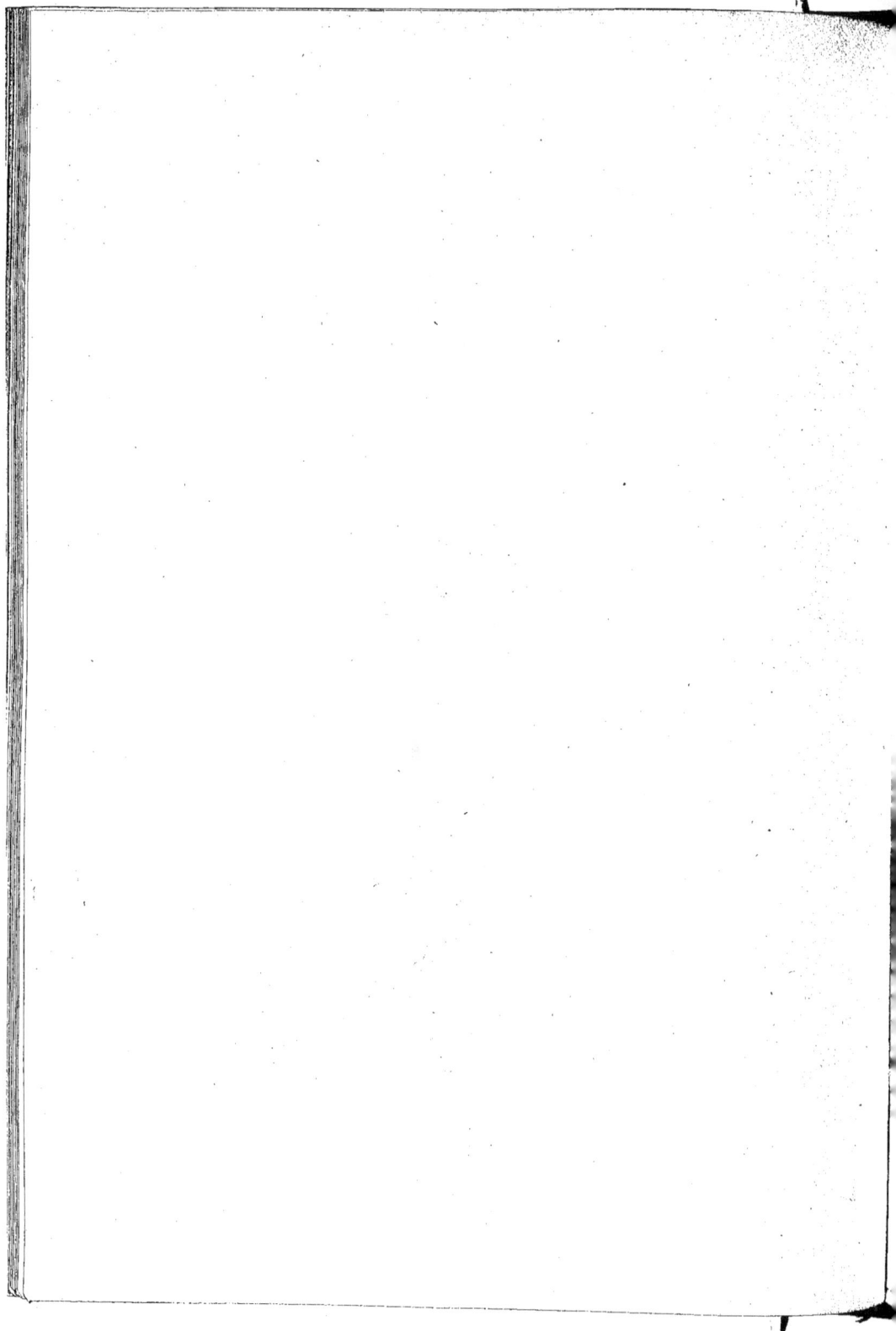

Cryptodibranche.

Atelier de Guérin.

Imp. Lith. de Bove Langue par Valmont et Cie.

S. Orbignyana. Ferussac.

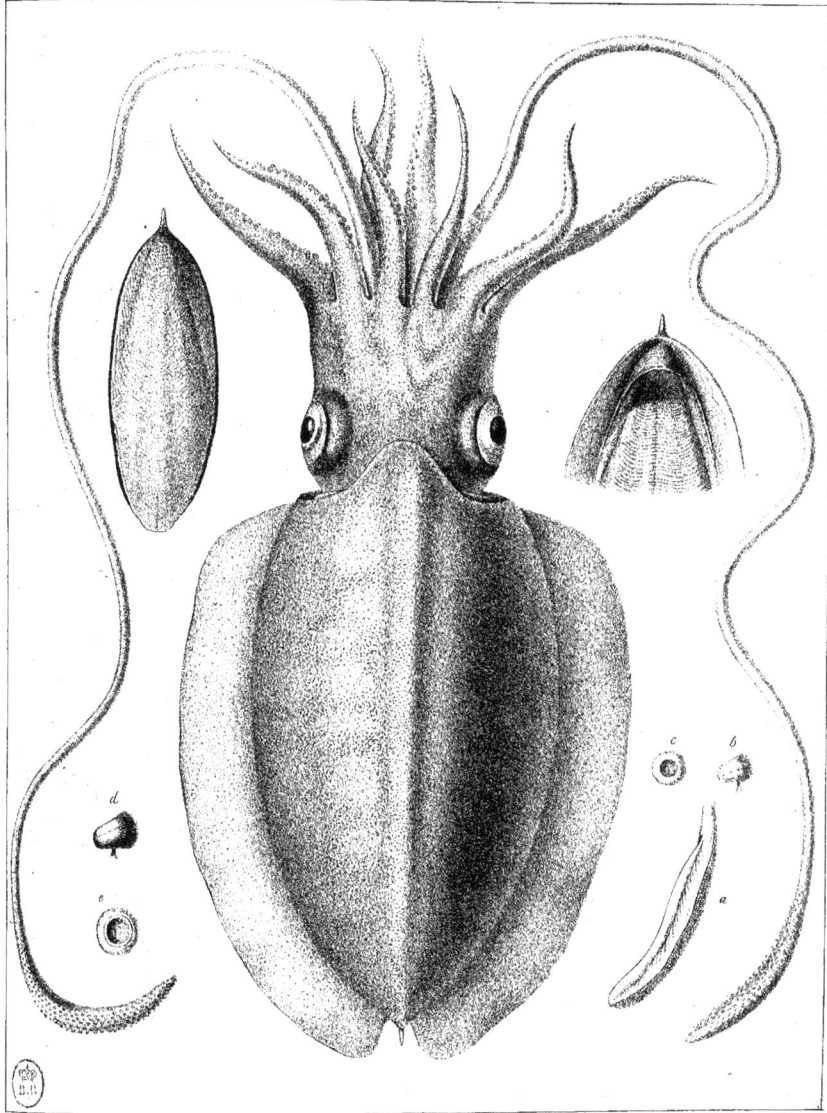

A. Maurevert del.   M.^(e) Rang Lith.   Lith. de Langlumé.

S. aculeata, Van-Husselt.

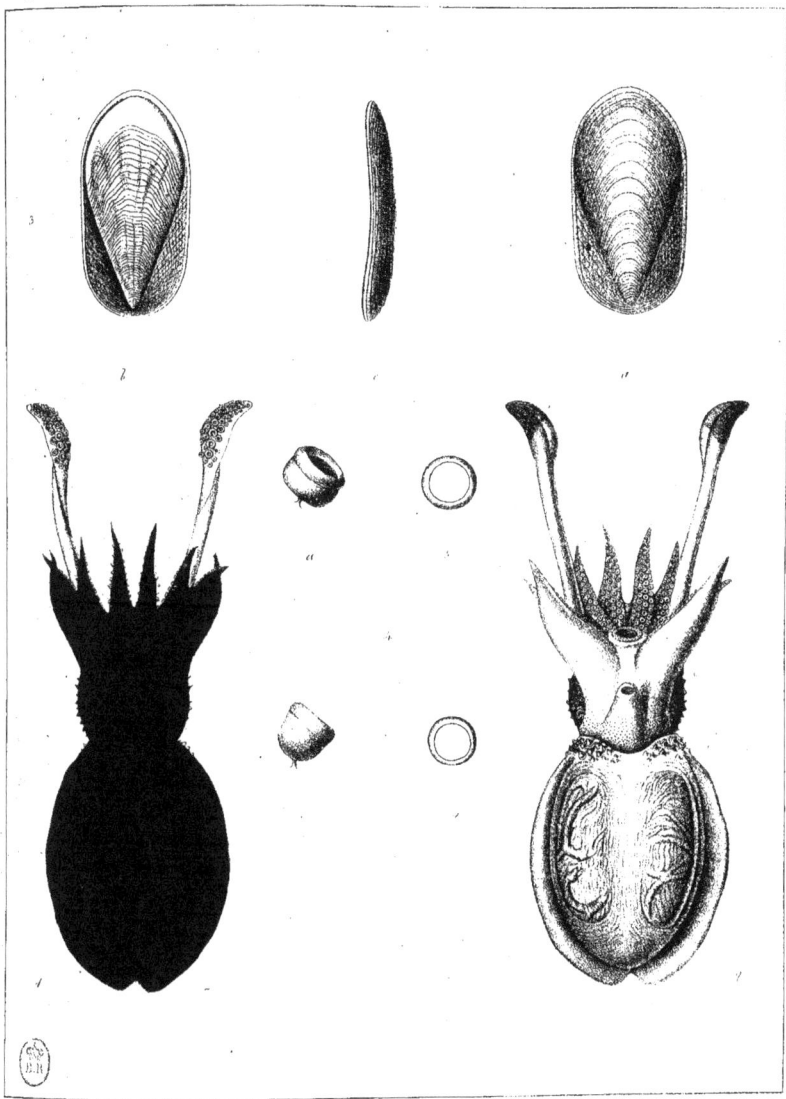

S. tuberculata, Lamarck

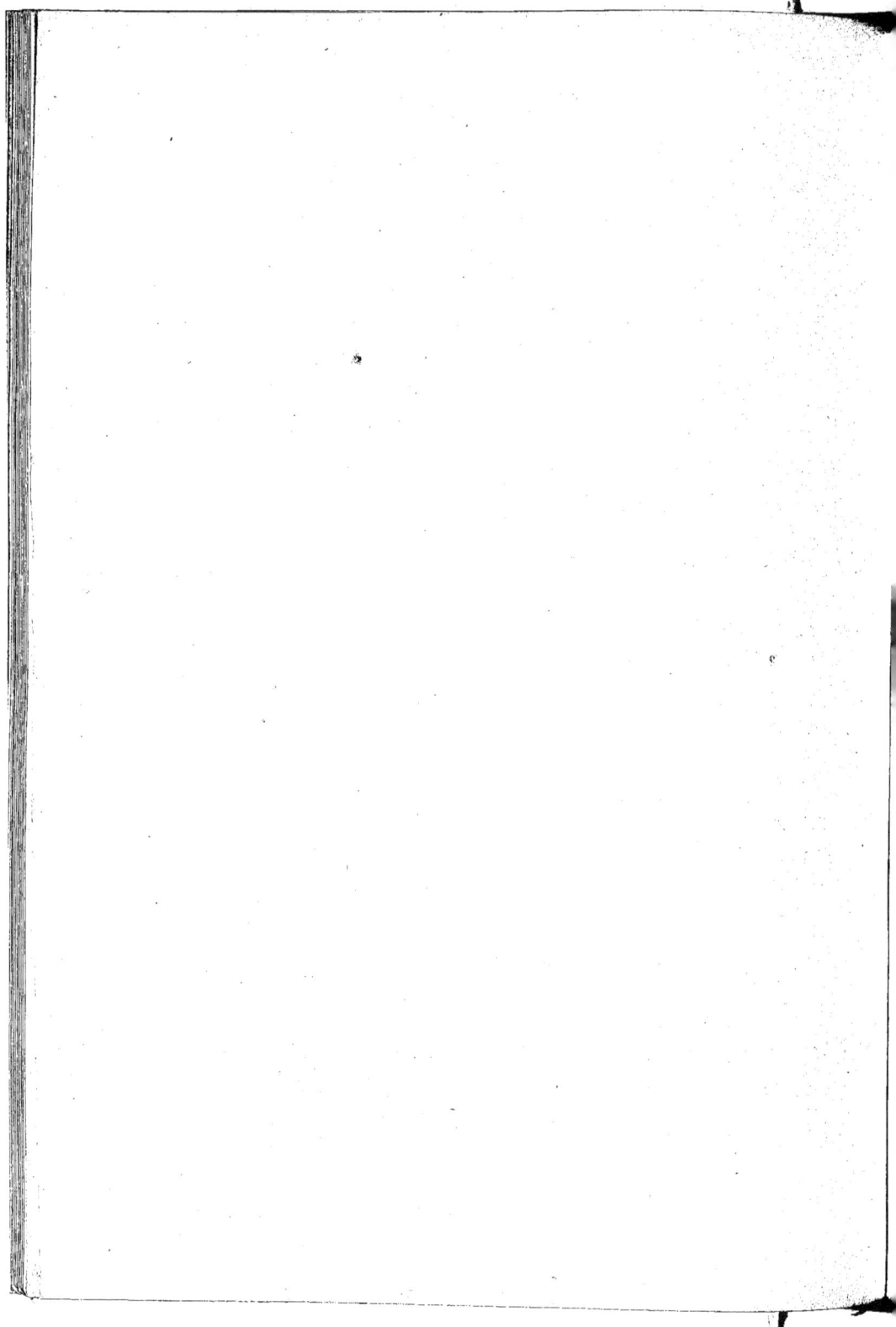

G. SEICHE. (*SEPIA.*) *Pl. 6 bis*

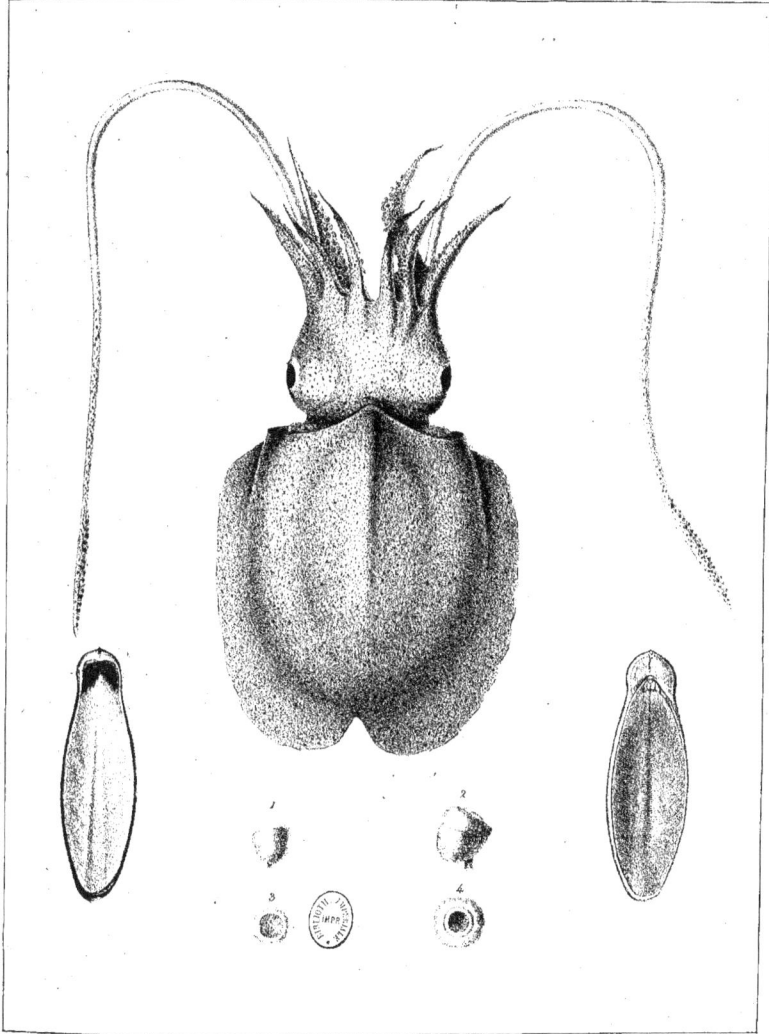

G. Van Knoten del.　　　　　Mr Rainy Lith.　　　　　Lith. de Langlumé.

S. inermis, Van Hasselt.

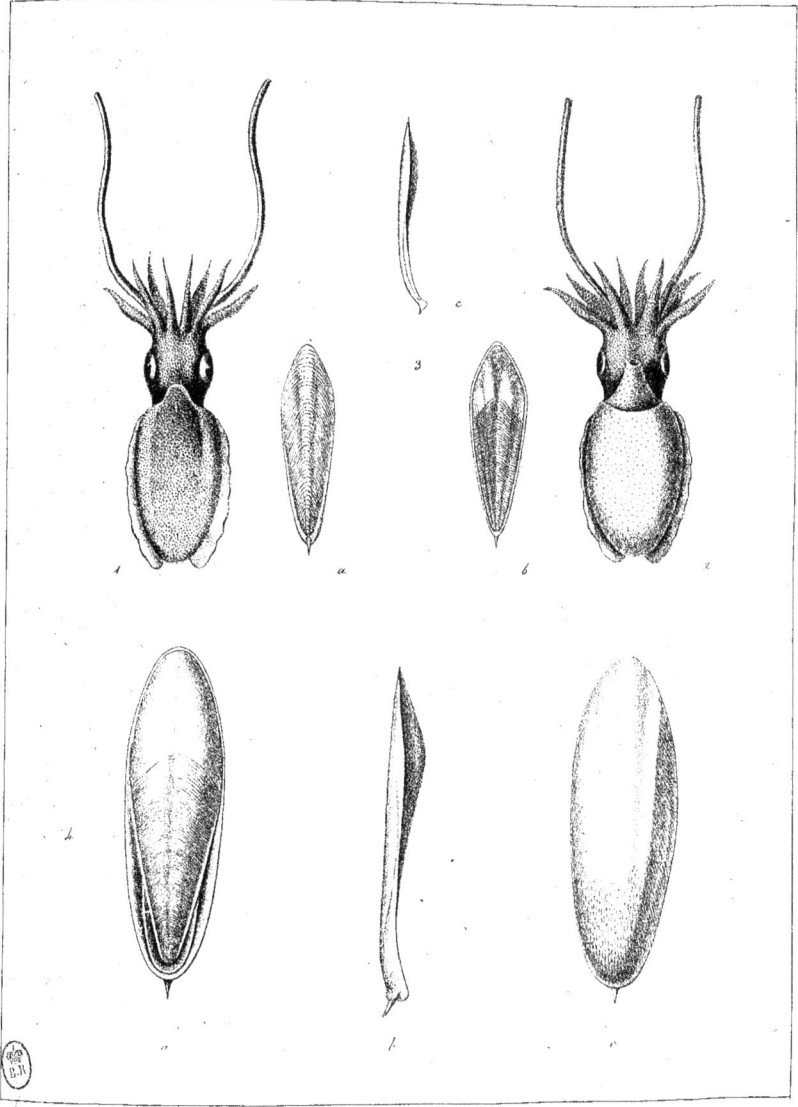

1 à 3 *S.* capensis, d'Orbigny 4 *S.* australis, d'Orbigny.

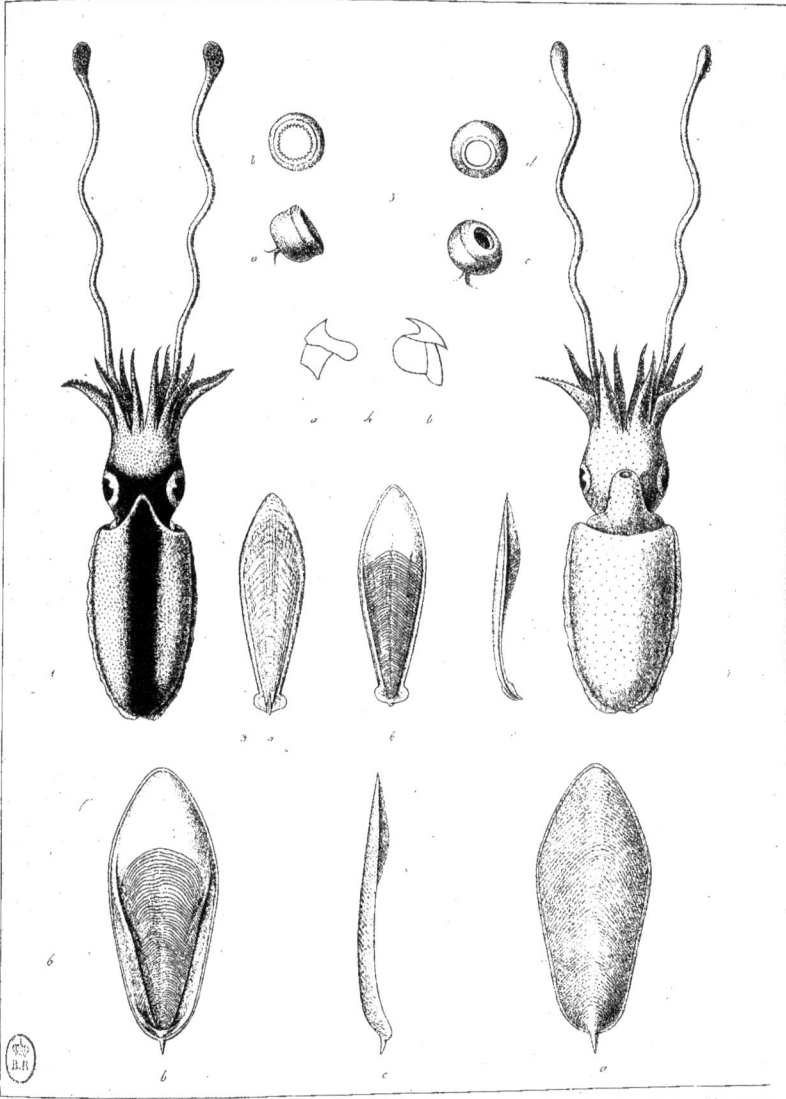

Prevost.   Atelier de Guerin.   Imp. Lith. de Bove dirigée par Noel ainé et c.

1 à 5. S. elegans, d'Orbigny. 6. S. rostrata. d'Orbigny.

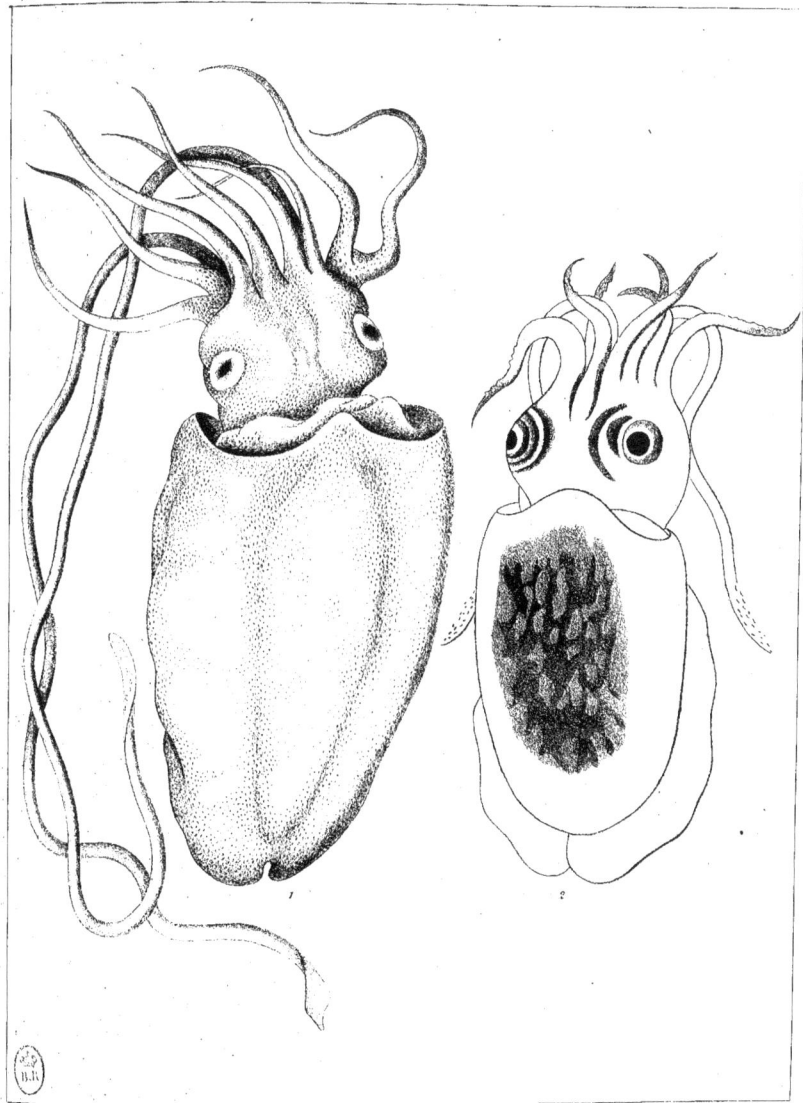

Atelier de Guérin.

Imp. Lith. de Bove, dirigée par Noel ainé & C.ᵉ

1,2, Figures de Seiches, tirées d'un ouvrage chinois.

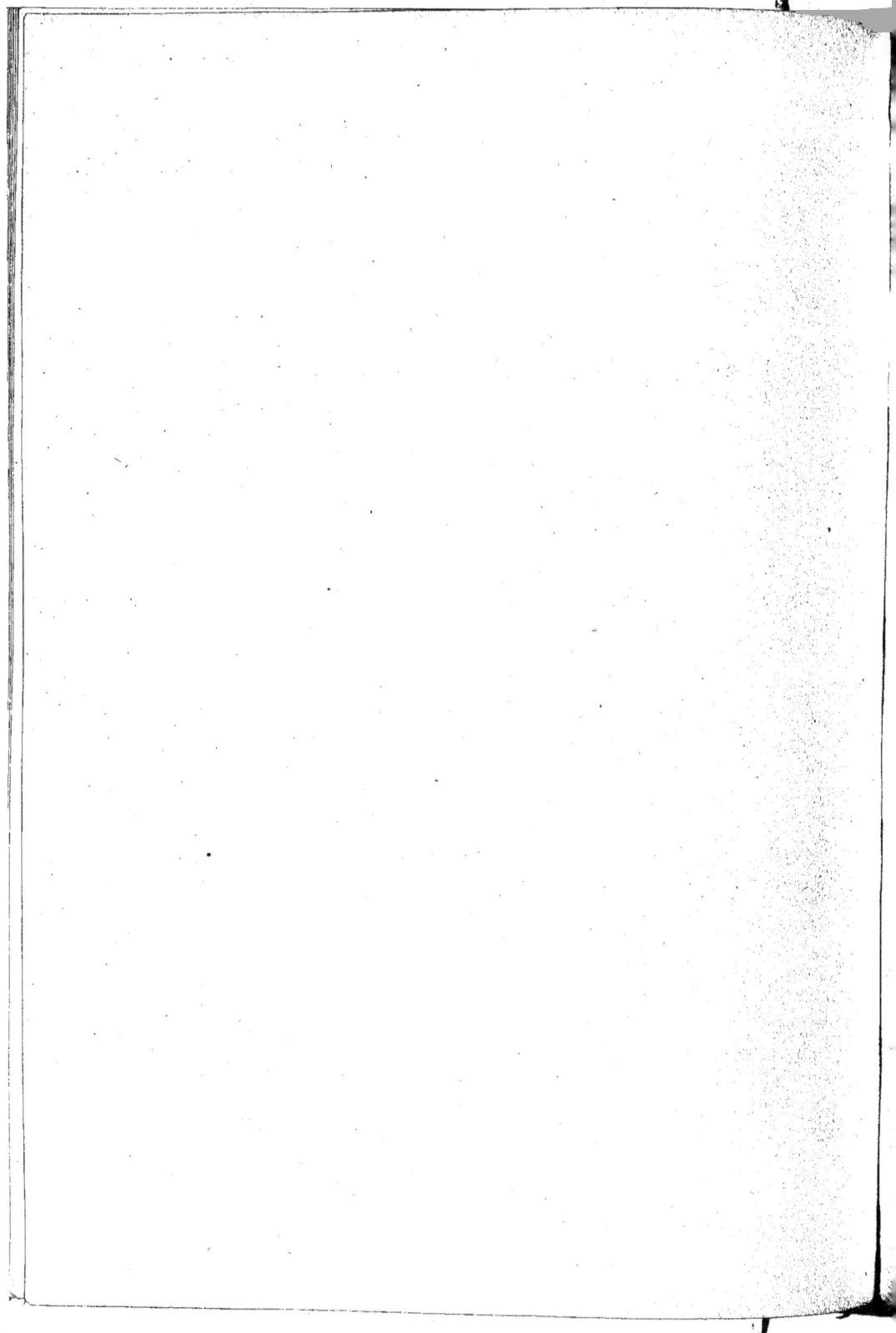

G . **SEICHE** . *(SEPIA)* *Pl. 10.*

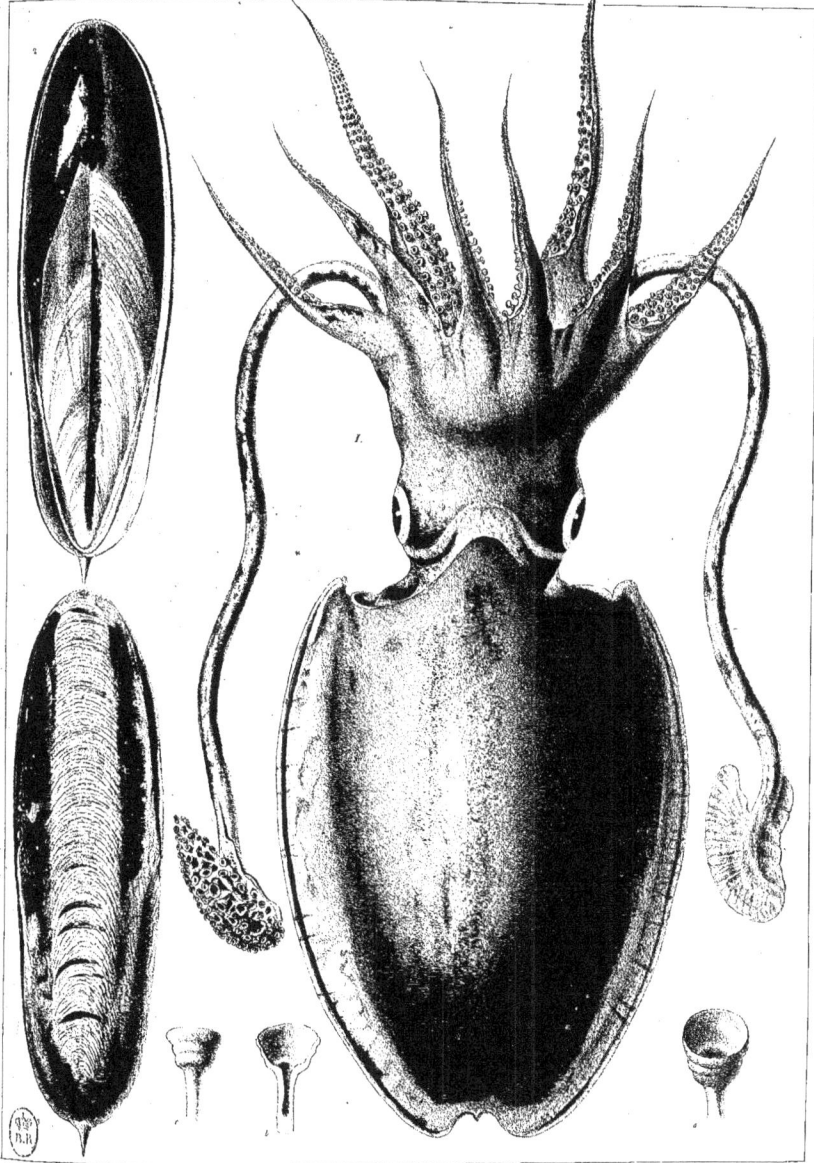

L. Blanchard.

Sepia. Rappiana, Férussac.

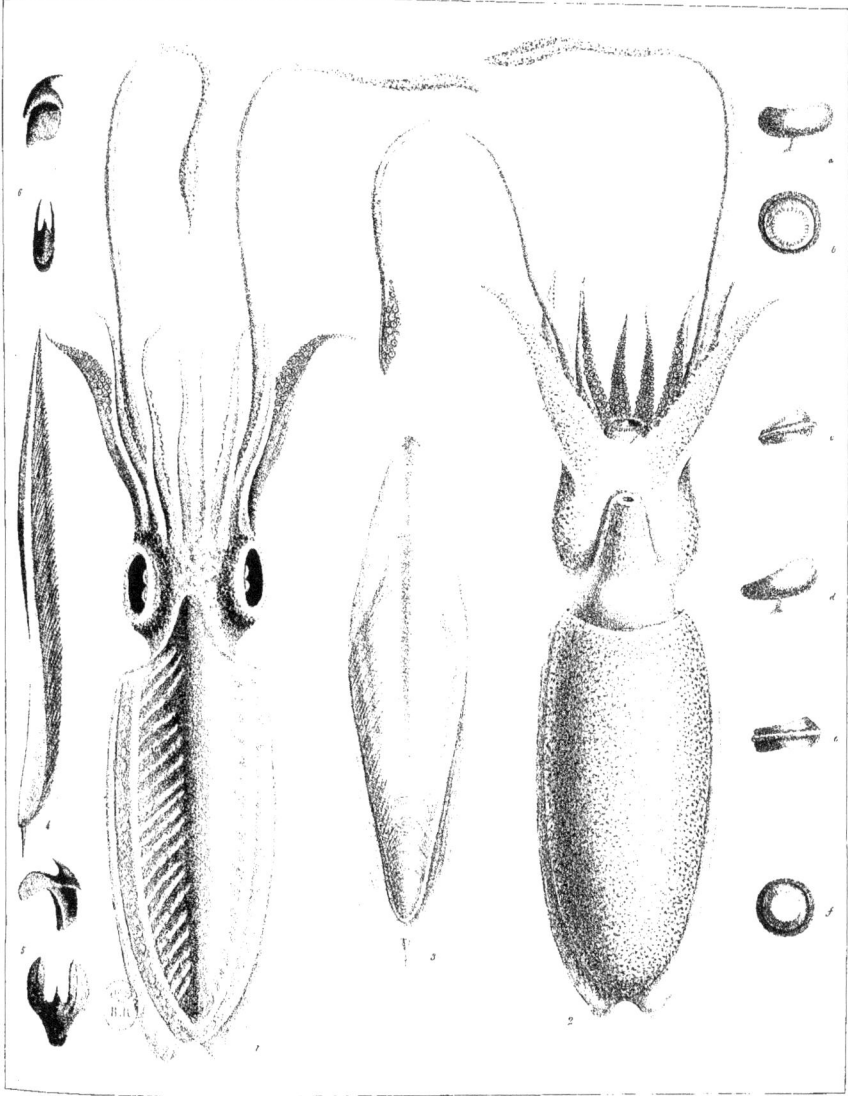

Sepia Bertheloti, d'Orbigny.

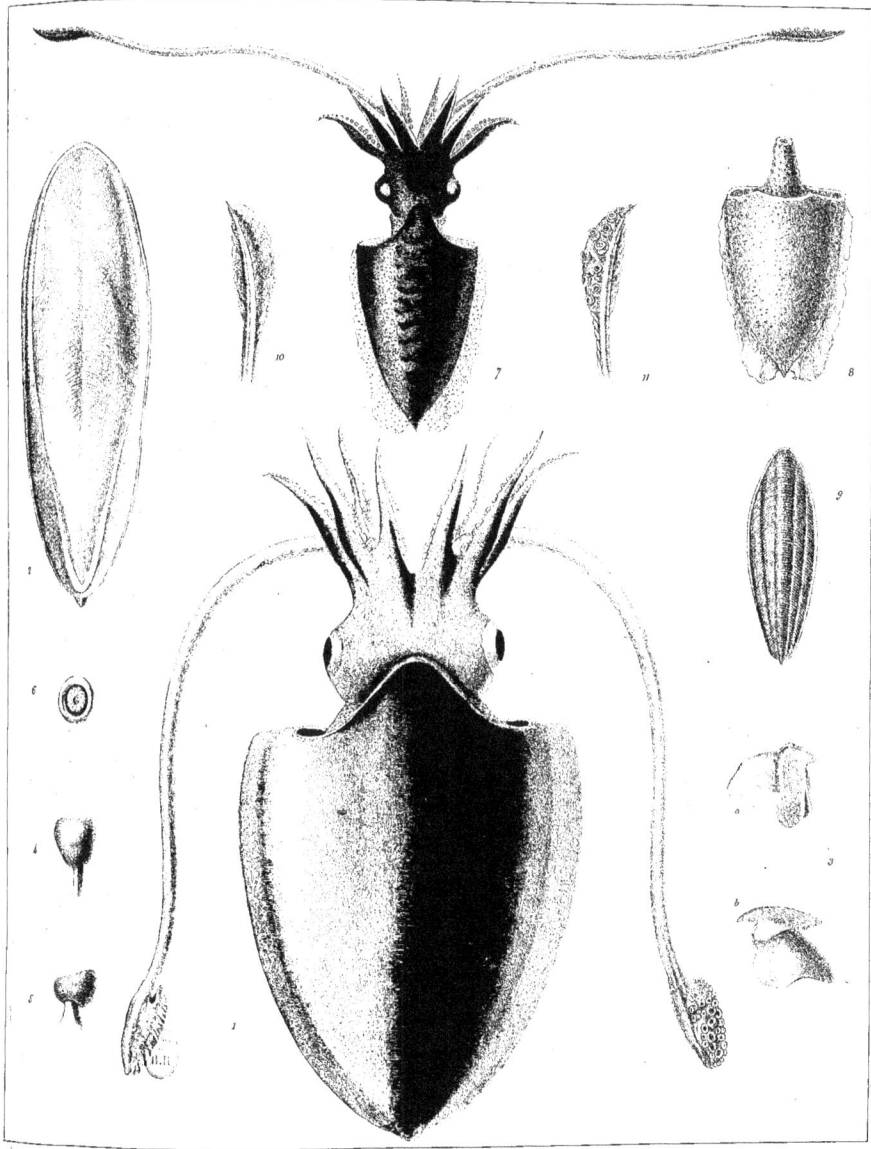

Lith. de Rénard.   Blanchard ad lapid. delin.

Fig. 1-6, S. carinanus, Quoy. Fig. 7-11, S. australis, Quoy.

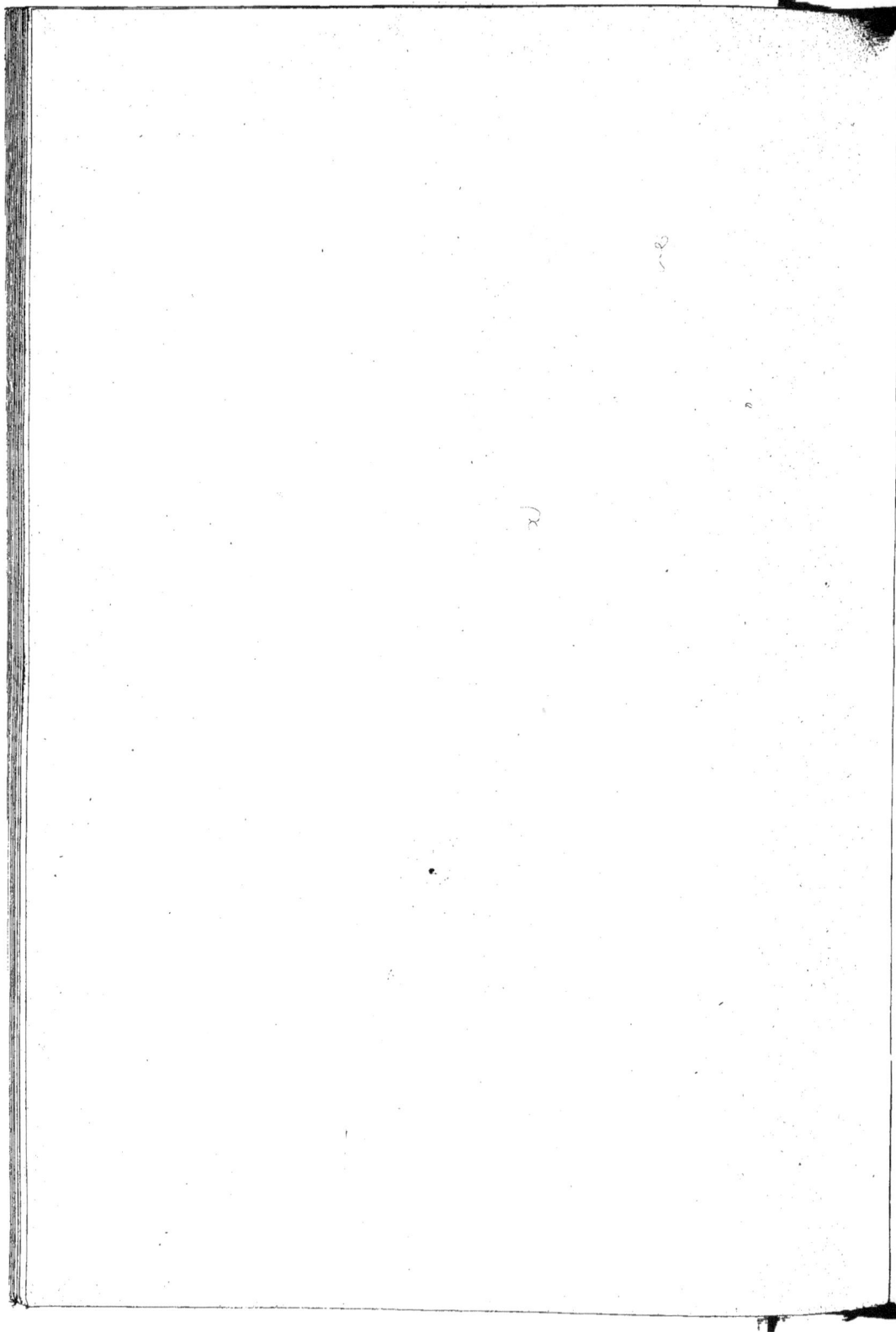

G . SEICHE (SÉPIA) Pl. 13

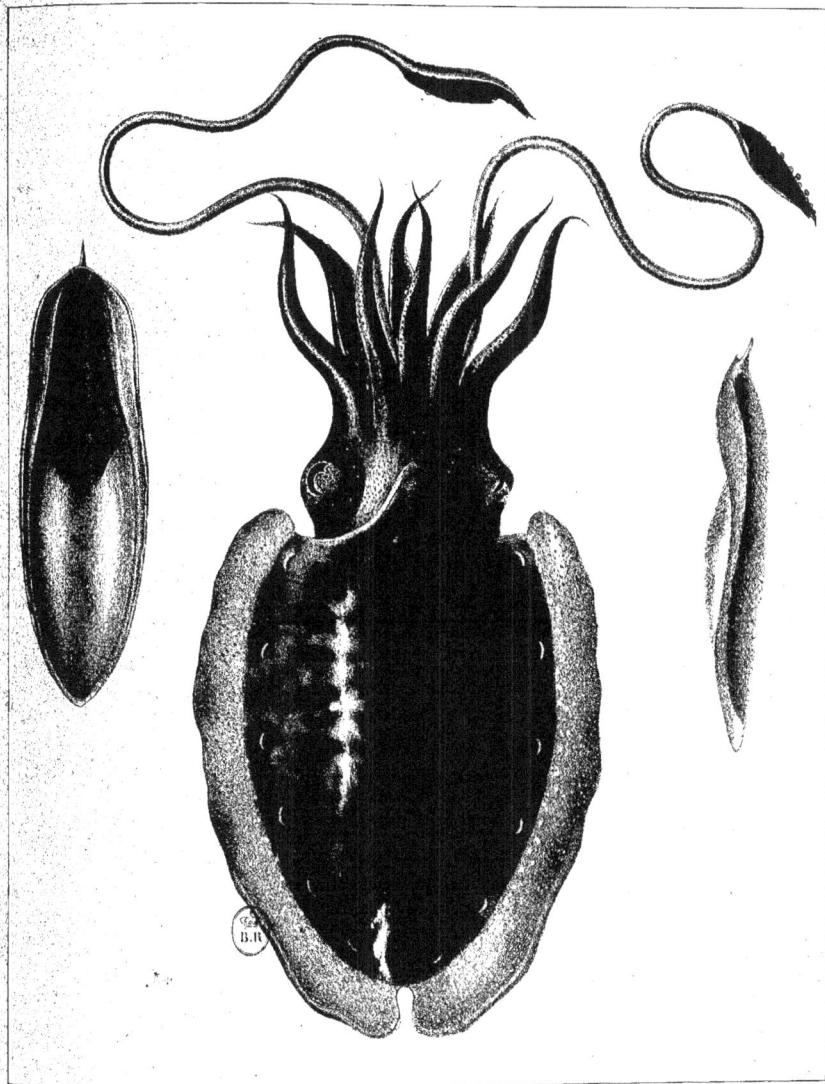

Rang delin.   J. de Bernard, r de l'Abbaye 4.   Blanchard ad lapid delin.

S. Hierredda, Rang.

G. SEICHE. *(SEPIA)* Pl.14.

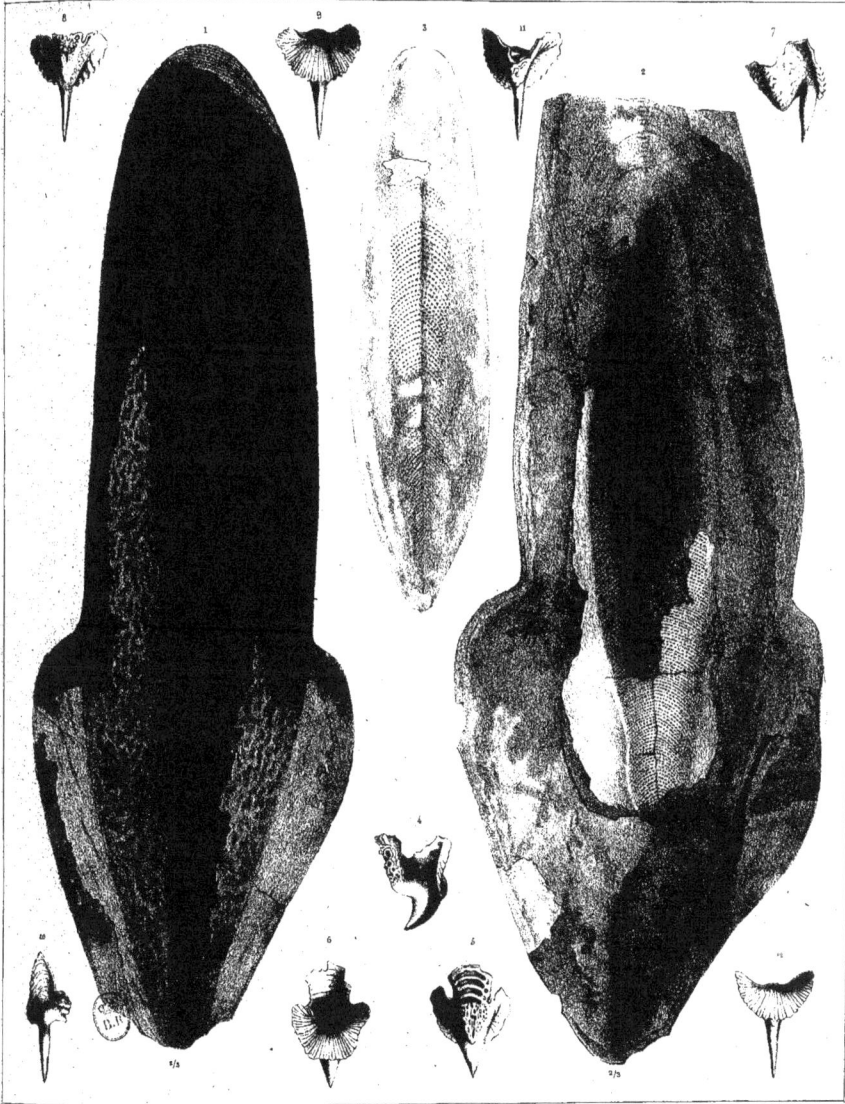

1,2. Sepia antiqua, *Munster.* 3. Sepia lenguata, *Munster.* 4,12. Sepia sepioidea, *d'Orb.*

1.2.Sepia caudata, Munster. 3 Sepia hastiformis, Ruppel. 4.Sepia linguata (S.regularis, Munster)
5.Sepia linguata, (S.gracilis, Muns.) 6. Sepia venusta. (Sepiotenthis venustus, Munster)

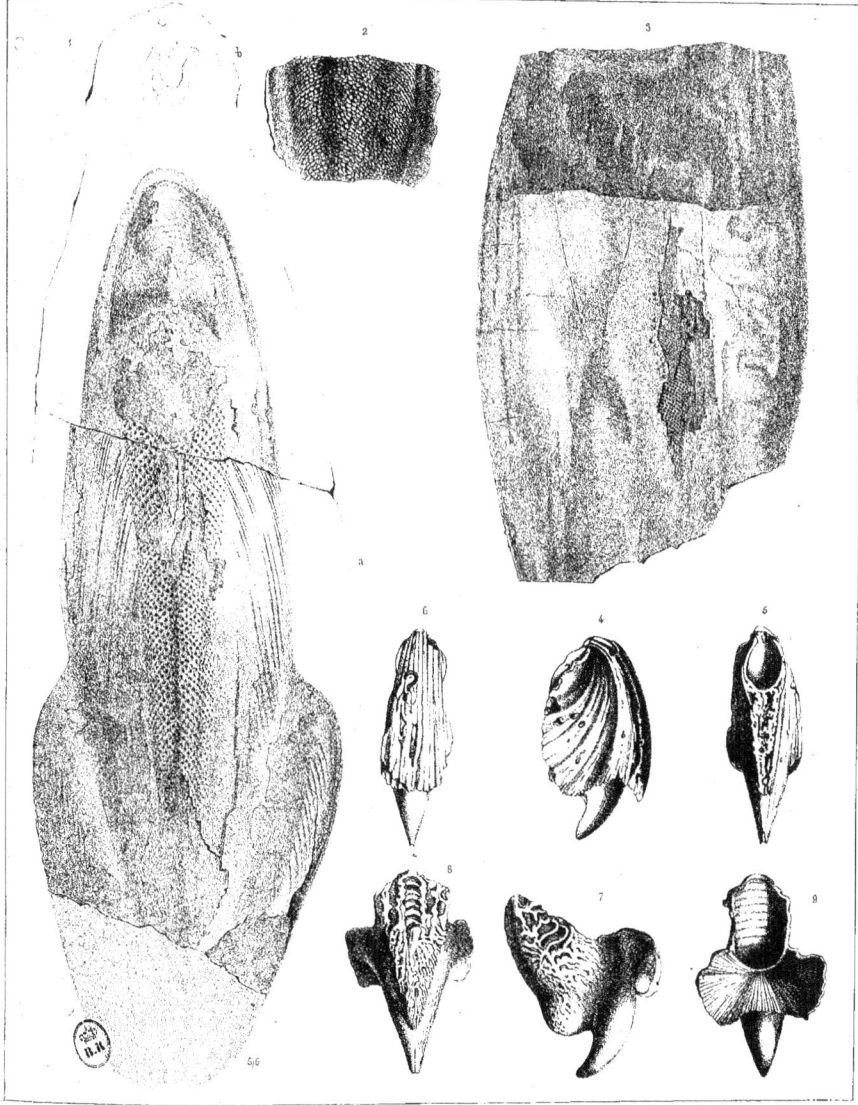

1.2.Sepia hastiformis, Ruppel. 3.Sepia linguata (Sep. obscura Munster) 4-6 Sepia compressa, d'Orb.

7.9.Sepia sepioidea, d'Orb.

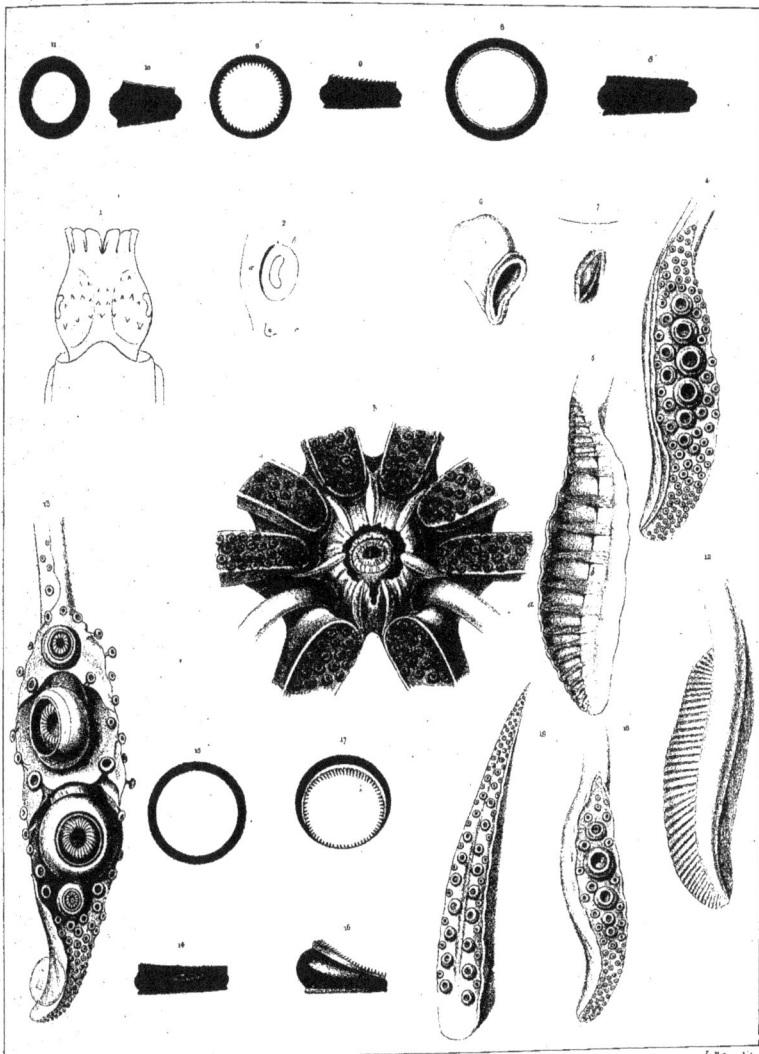

Prêtre pinx.   Im. Lemercier, Bénard et C.   J. Delorue lith.

1. 12. Sepia officinalis, Linné. 13. 15. S. tuberculata, Lamarck. 16. 17. S. latimanus, Quoy et Gaimard.
18. 19. S. capensis, d'Orbigny.

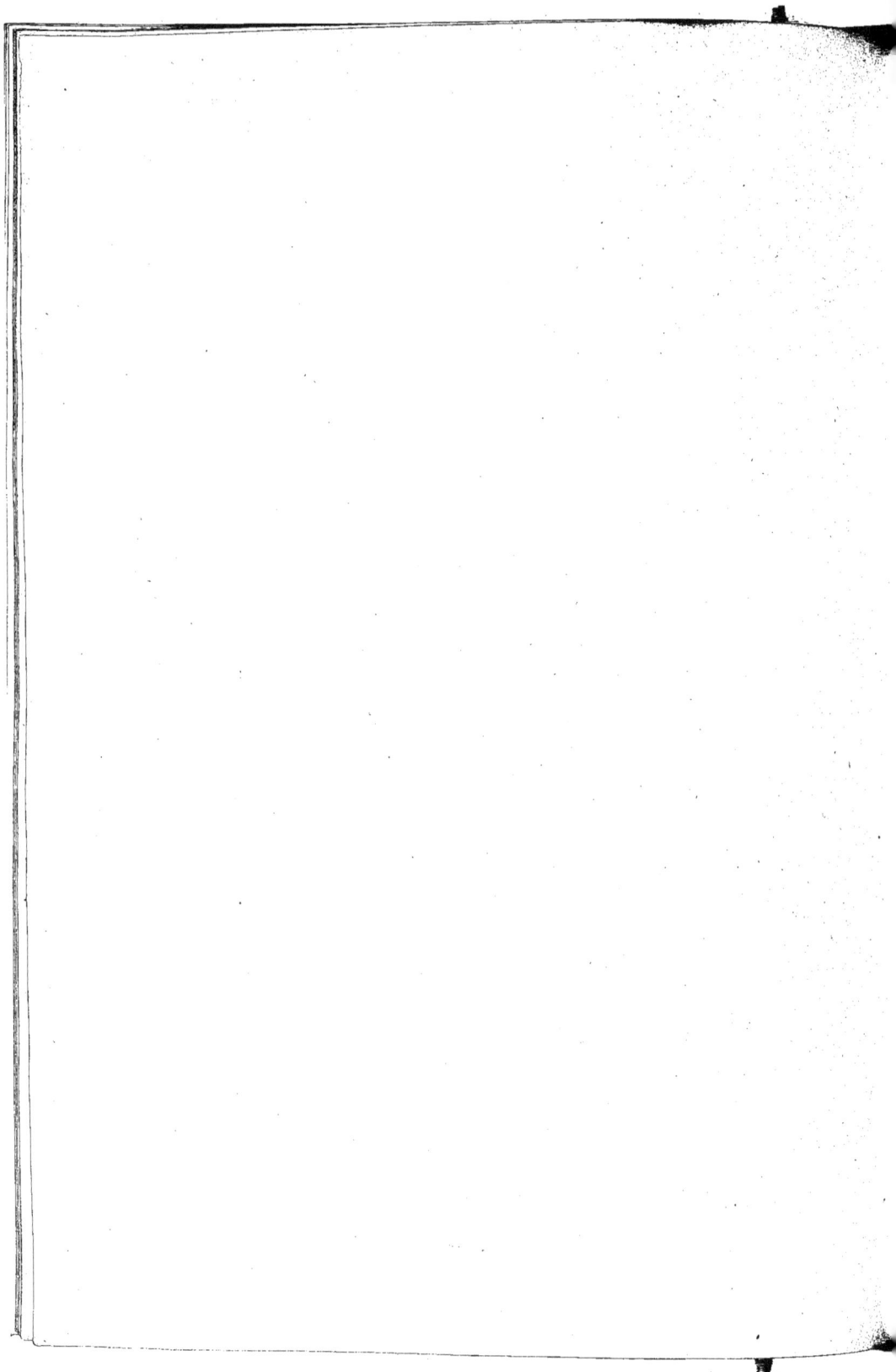

G . SEICHE *(SEPIA)* *Pl.18* .

Imp.Lemercier,Benard et C.

P.Oudart.

Delarue lith.

Sepia Hierredda, Rang .

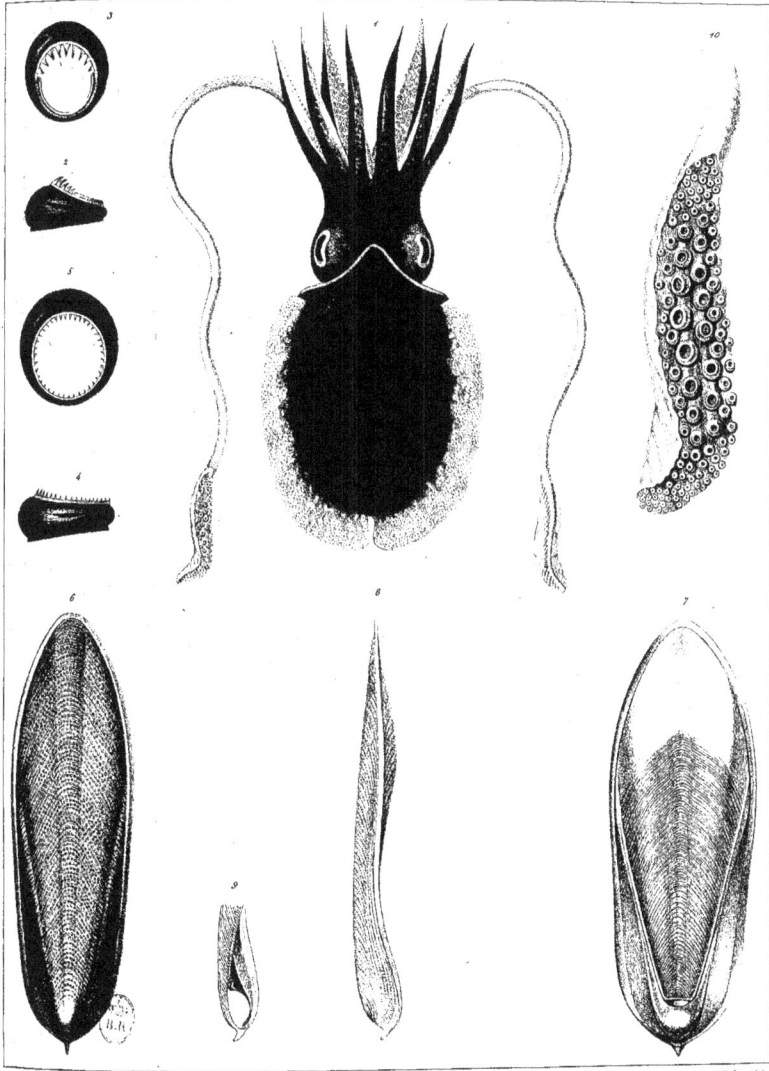

Pédre. pinx.   *Imp. Lemercier, Benard et C.*   *Delarue lith.*

Sepia Rouxii, d'Orbigny.

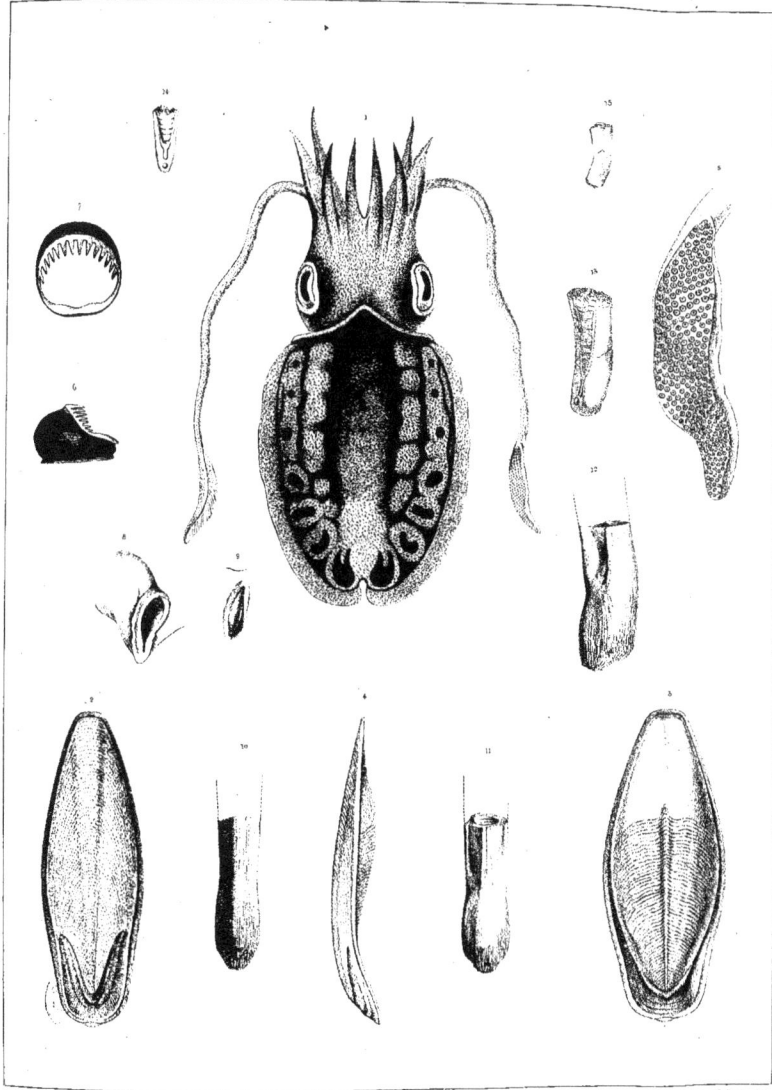

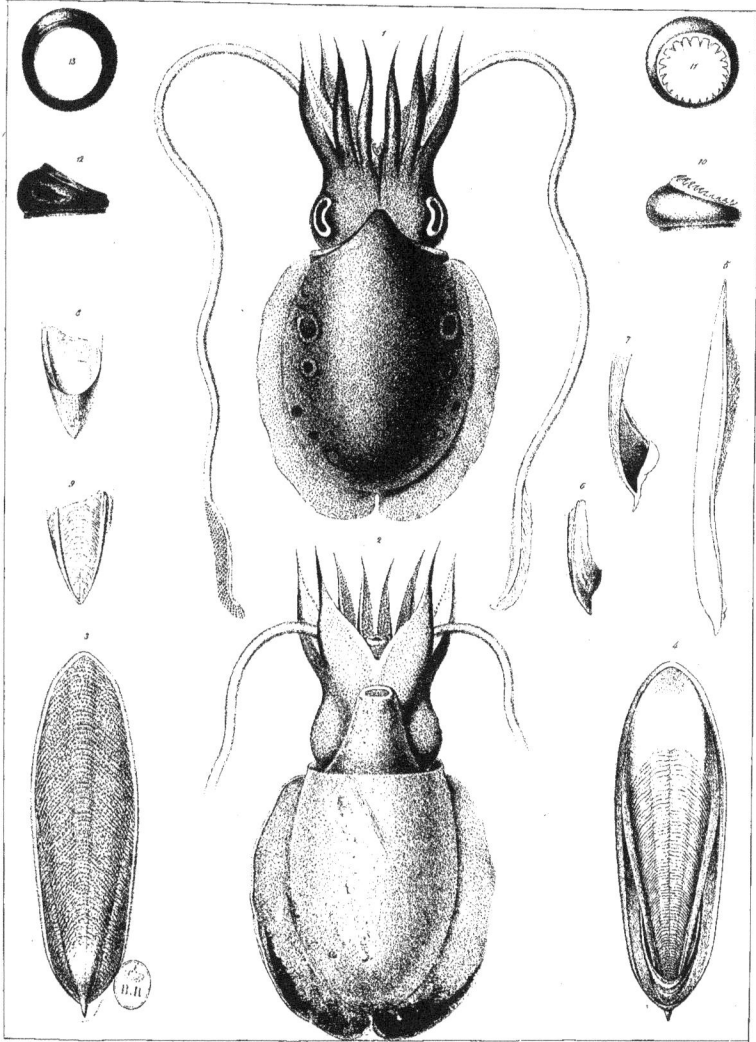

Petit pinx. *Imp.Lemercier,Bénard et C.* *Delarue lith.*

Sepia Blainvillei, d'Orbigny.

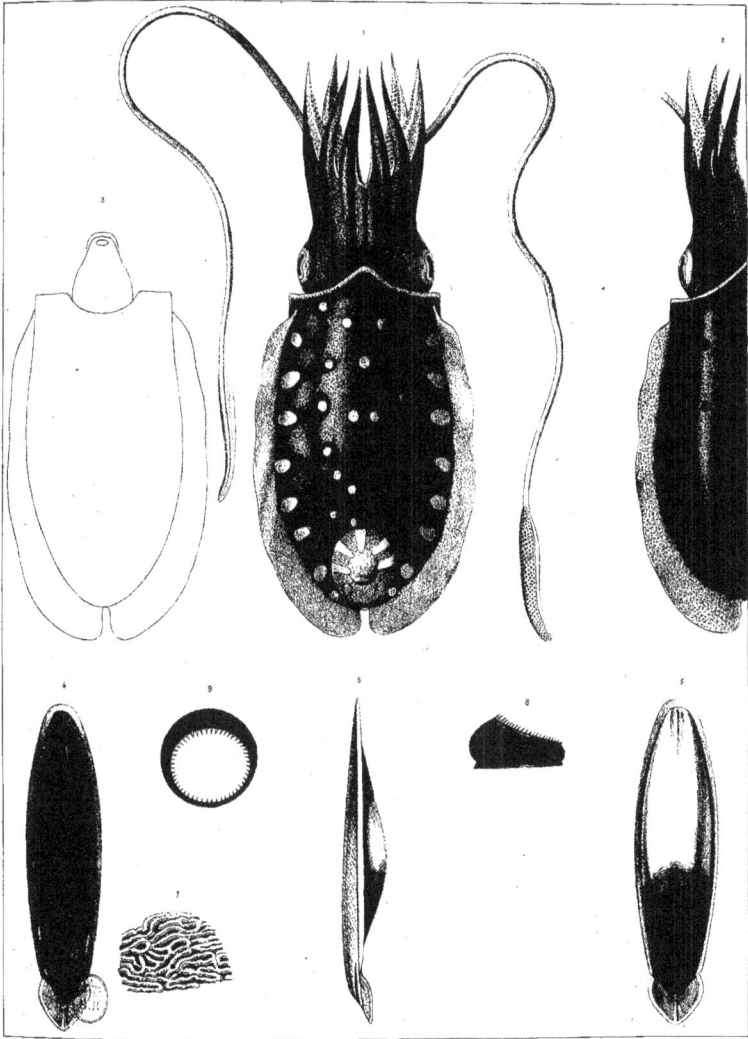

Sepia ornata, Rang.

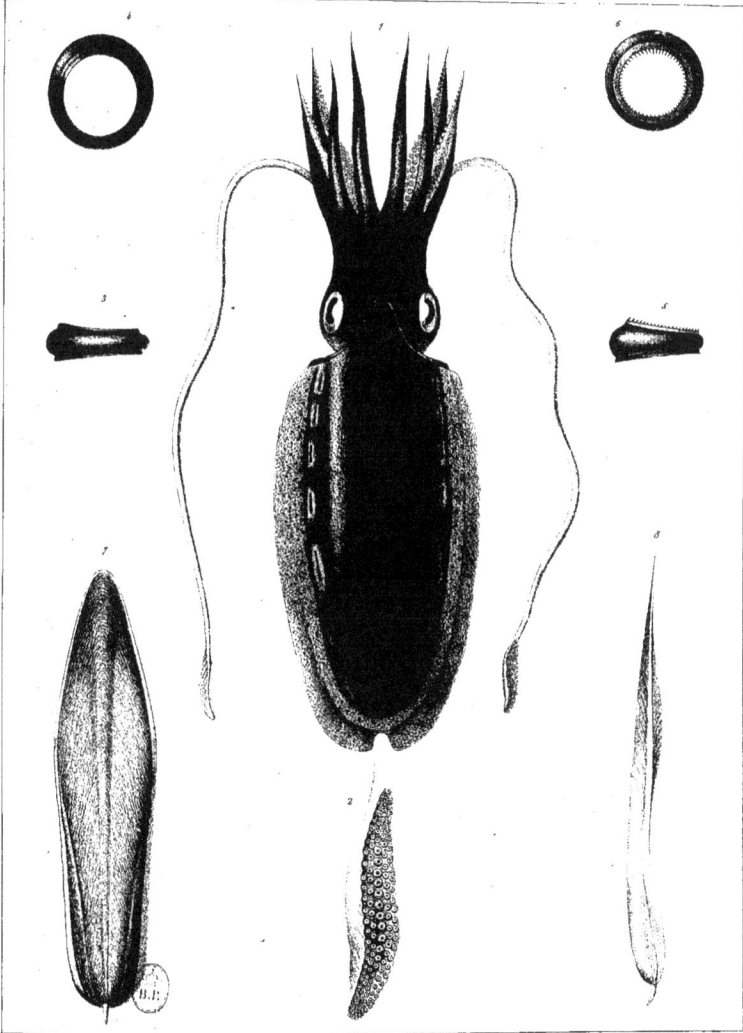

Prêtre pinx. Imp. Lemercier-Bénard et C. Delarue lith.

Sepia Bertheloti, d'Orbigny.

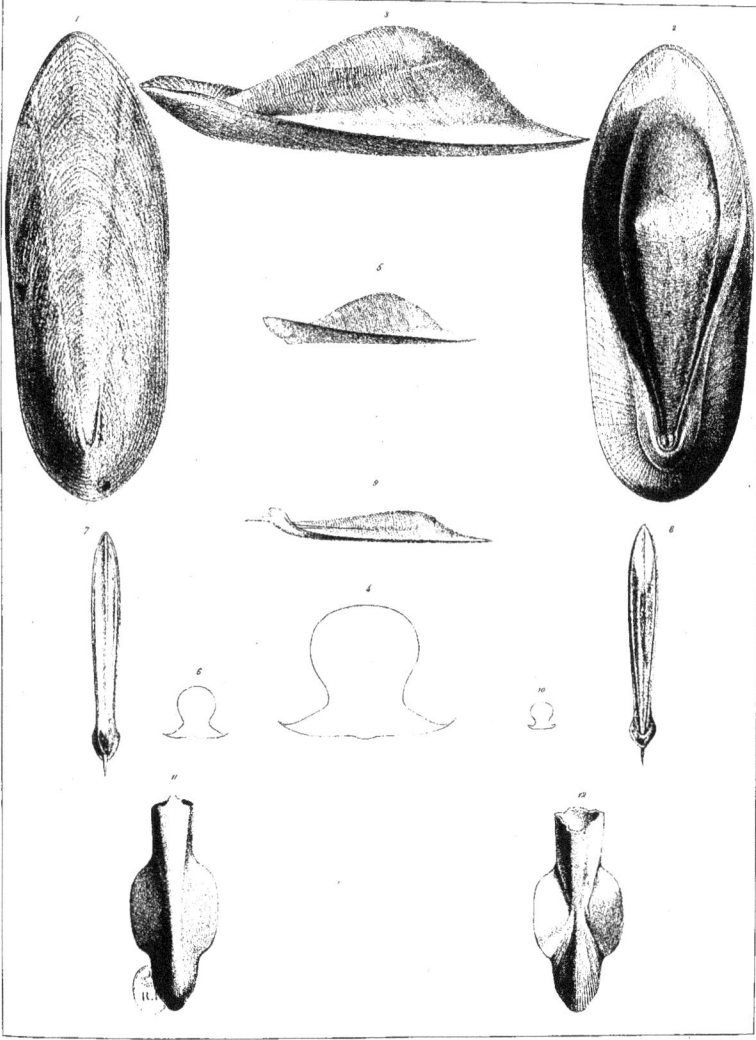

Prêtre pinx.   Imp.Lemercier Benard&C.   Delarue lith.

1_6 Sepia Lefebrei, d'Orbigny 7_10. S. elongata, d'Orbigny. 11_12 Beloptera belemnitoidea, Blainville.

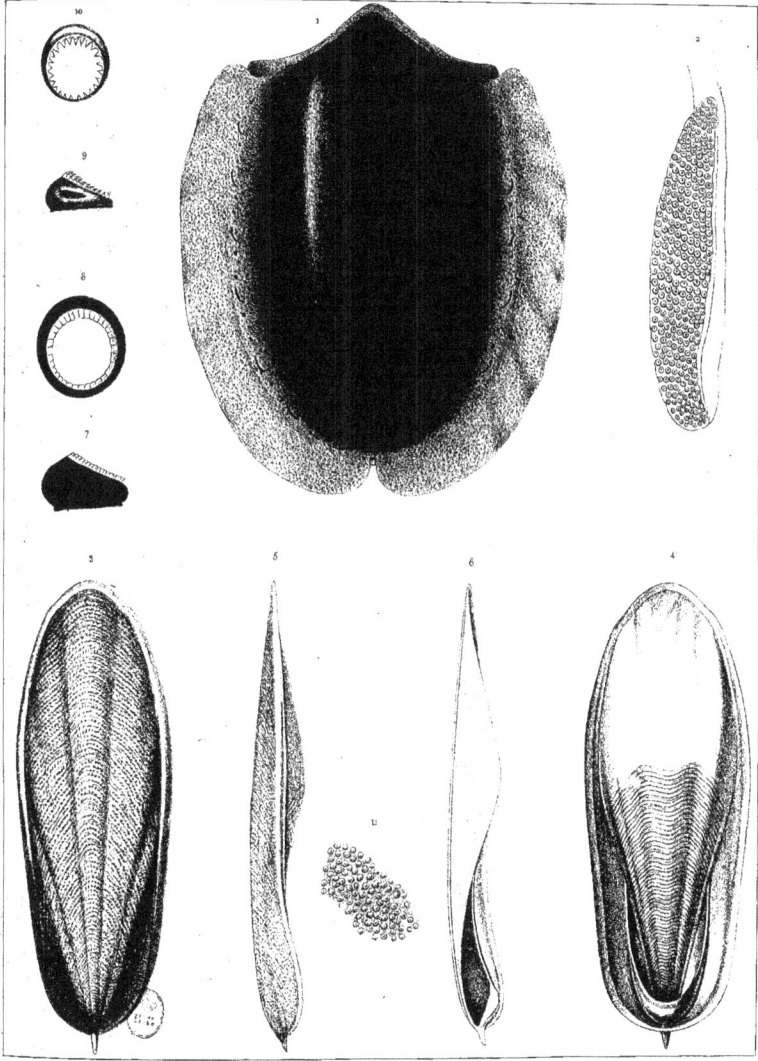

Sepia aculeata, Van-Hassell.

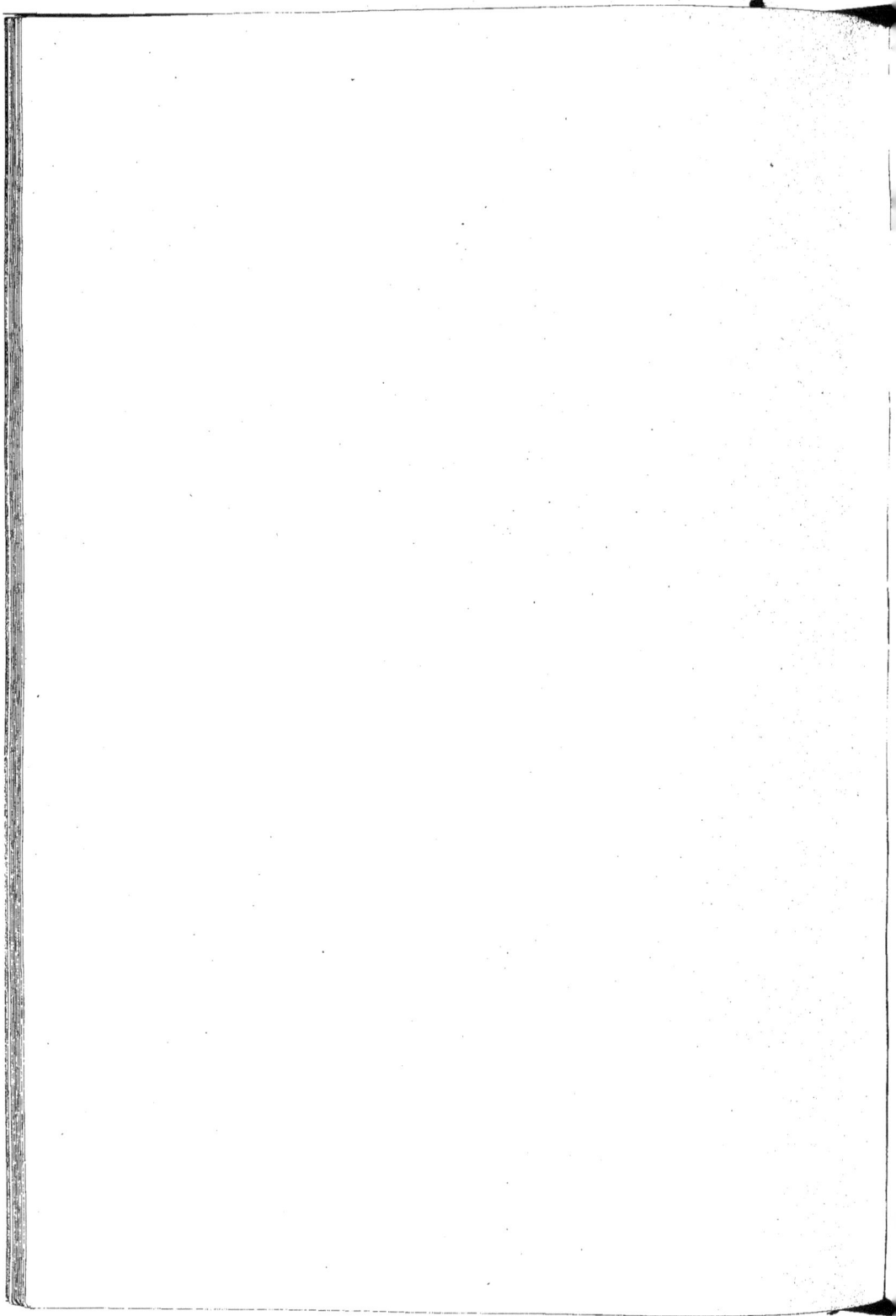

G. SEICHE *(SEPIA)* *Pl.* 26.

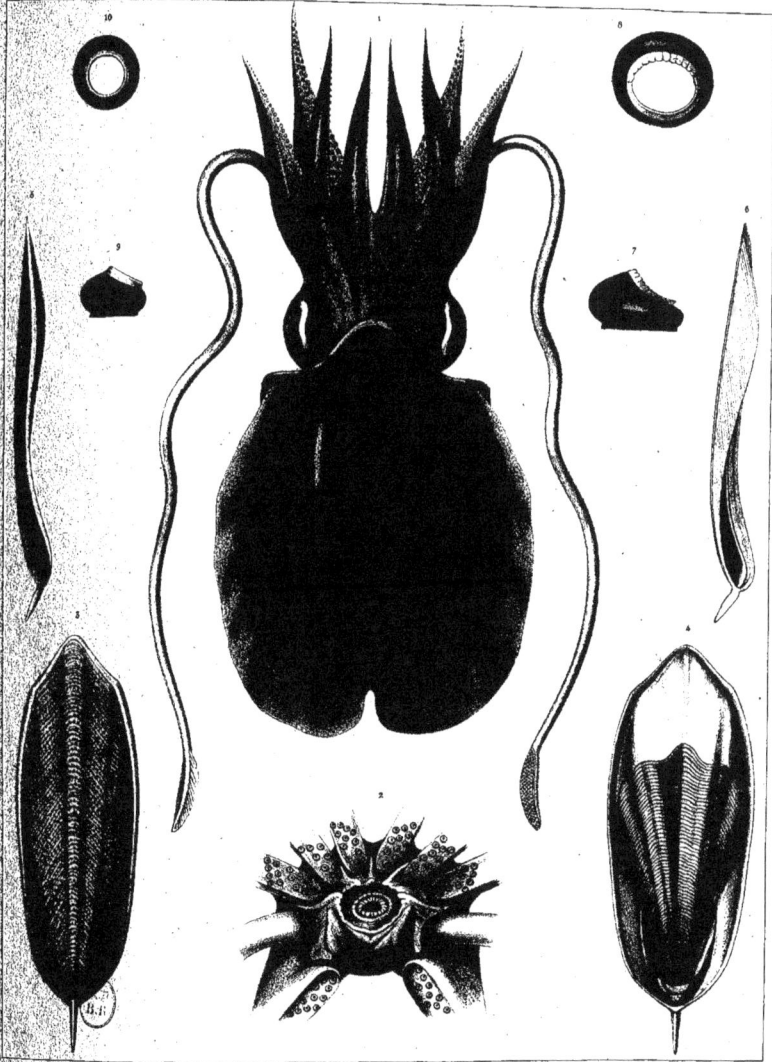

Imp. Lemercier, Bénard & C.

J. Delarue lith.

Sepia rostrata, d'Orbigny.

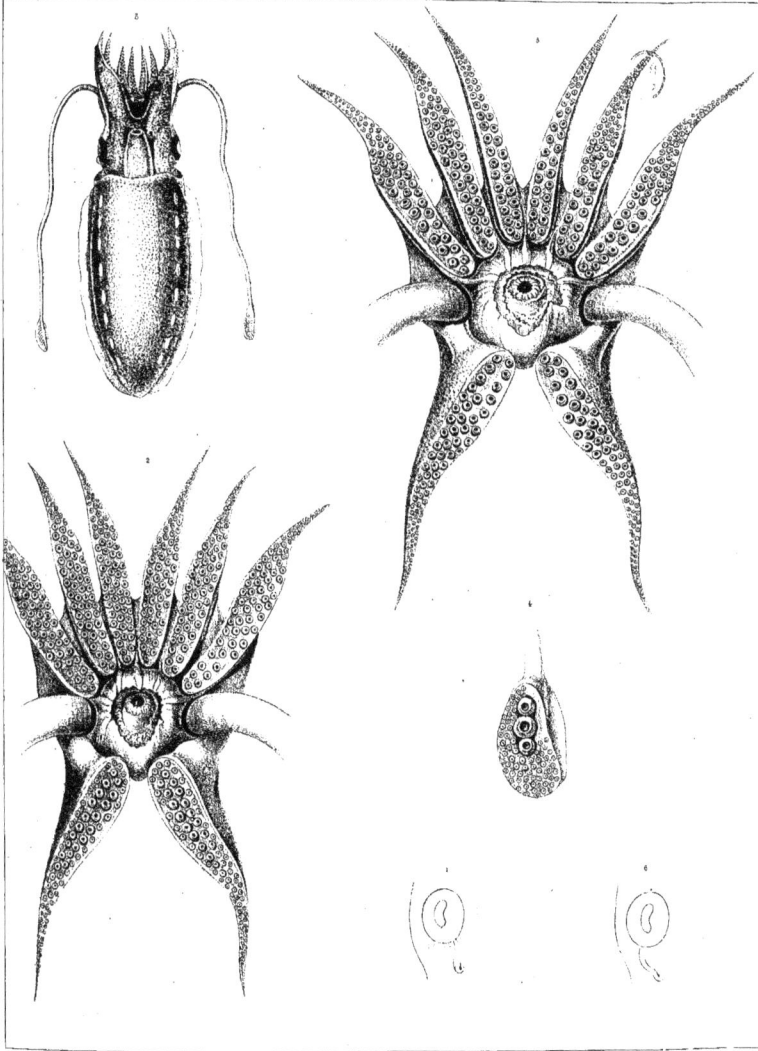

Imp. Lemercier, Benard et C.   J. Delarue lith.

1.2. Sepia Orbignyana, *Férussac.* 3.6. S. elegans, d'Orbigny.

Cryptodibranches.

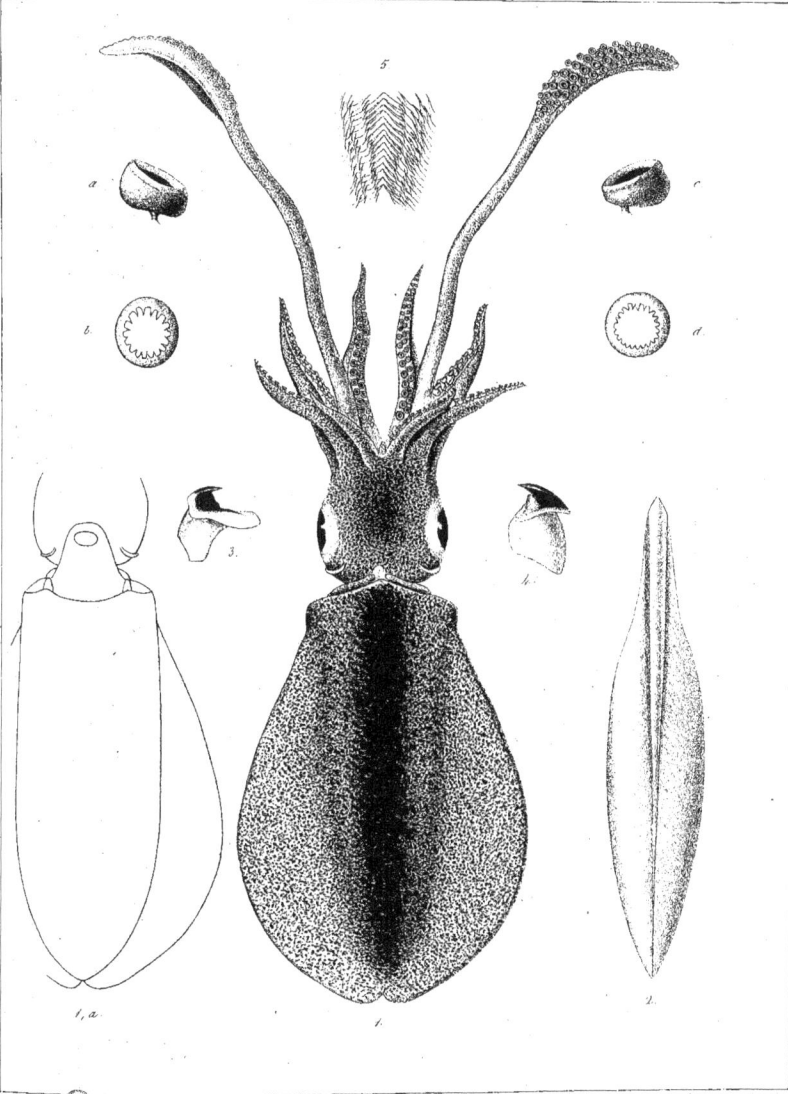

S. Lessoniana, Férussac.

Cryptodibranches.

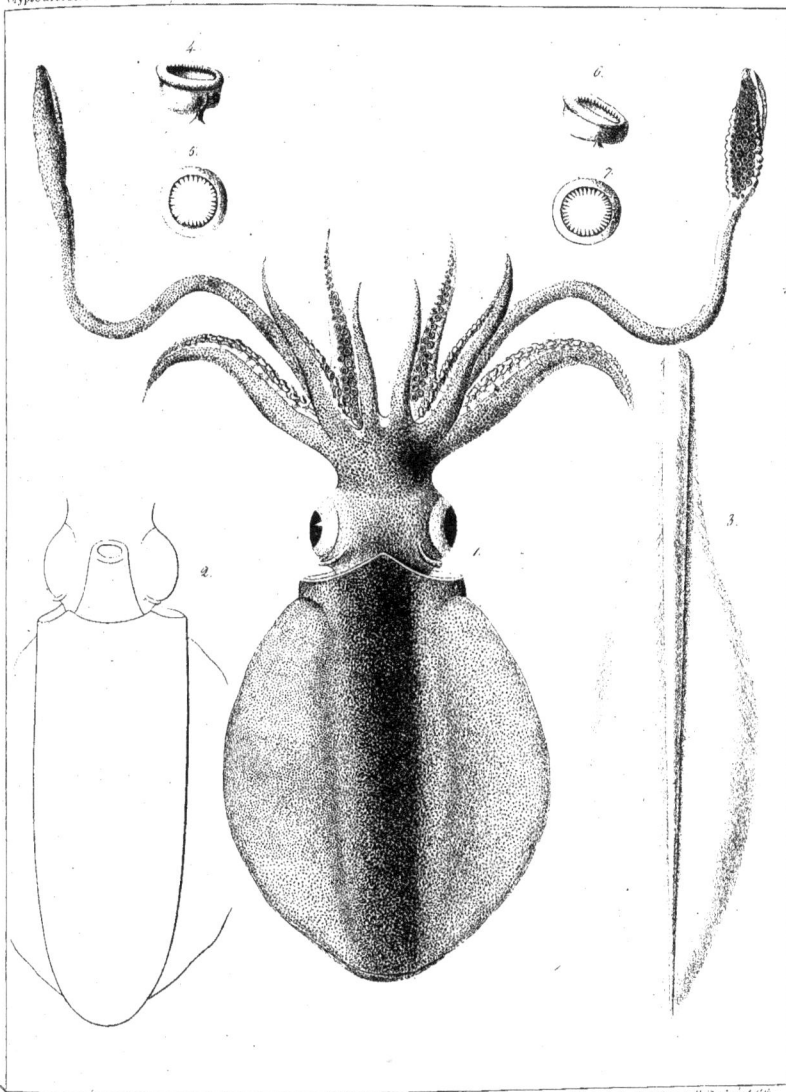

Werner, pinx.   Atelier de Guérin.   Imp. Lith. de Bove, dirigée par Noël aîné et Cie.

S. Blainvilliana, Férussac.

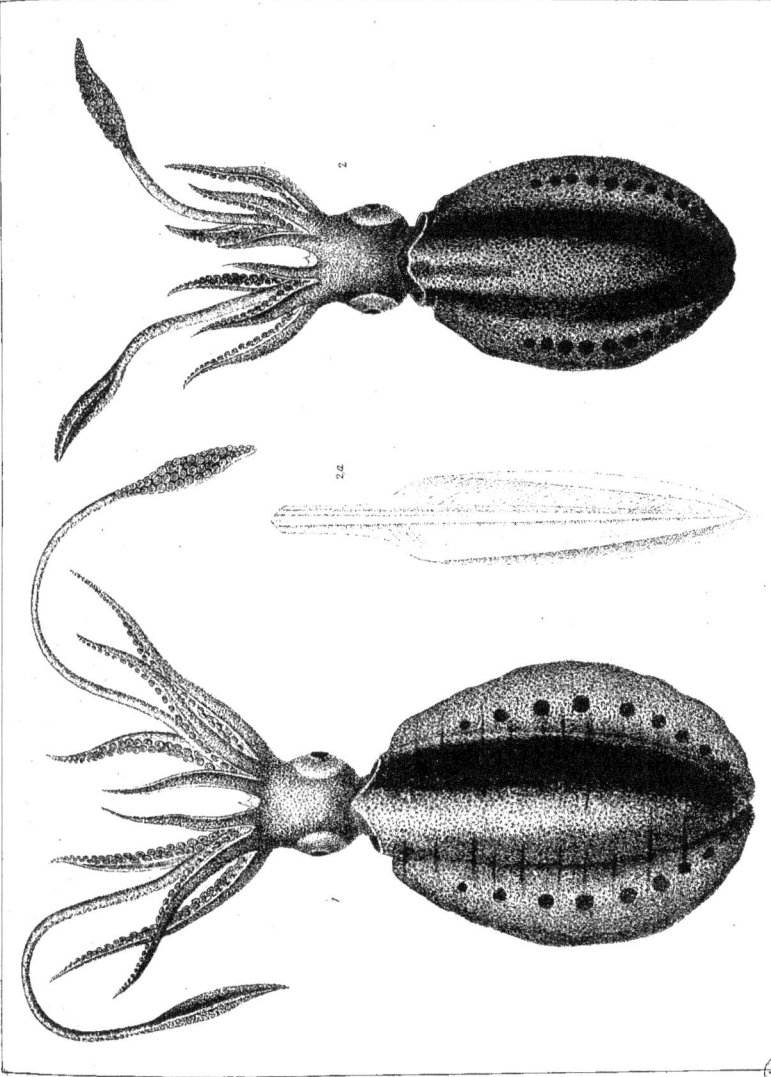

G. SEPIOTEUTHE (*SEPIOTEUTHIS*) *Pl. 3.*

Cryptodibranches.

Fig. 1, S. Annulata Quoy ; 2, S. Dorsiensis, Quoy.

Crypto dibranches.

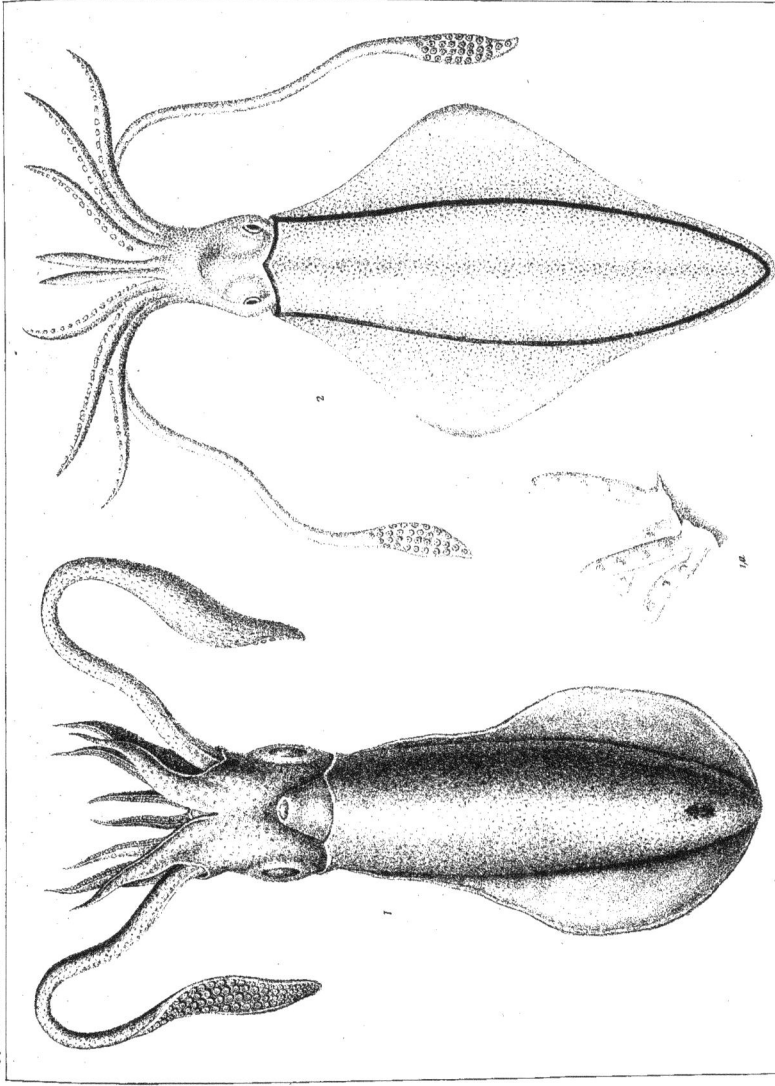

Fig. 1 S. Soliginiformis, Rüppel , 2 Biliueata, Quoy

Chaud in typ. del.

Lith. de Rienet.

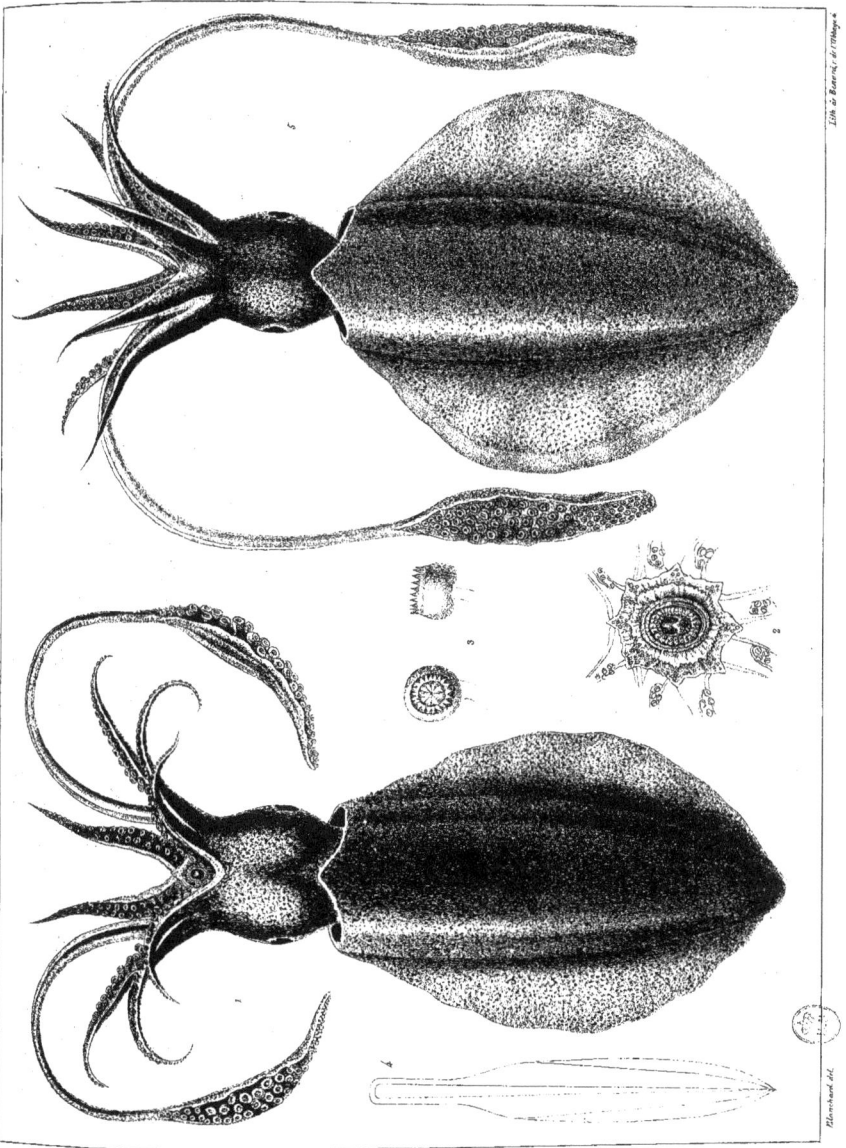

Acétabulifères

Blanchard del.

Lith de Bourel de l'Ollagne

Fig 1 à 3 mauritiana, Quoy Fig 5 à 8 australis, Quoy

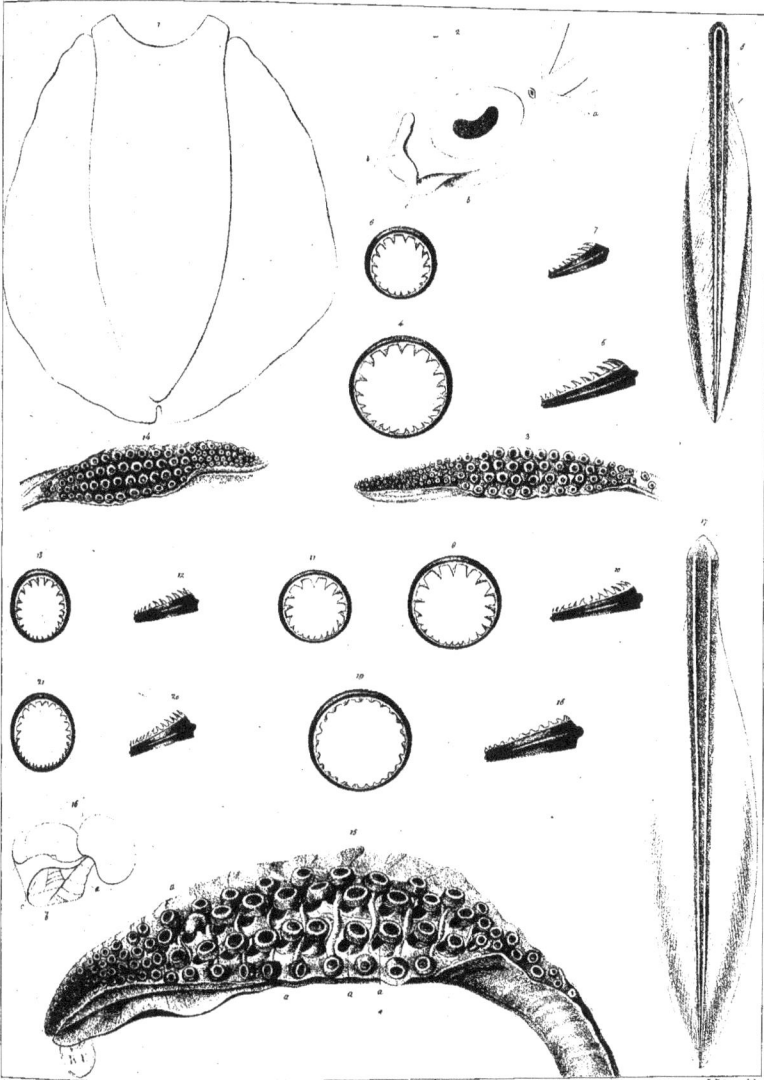

Prêtre pinx. Imp. Lemercier, Bénard et Cie. J. Delarue lith.

18. Sepioteuthis lunulata, Quoy et Gaimard. 9. 14 S. Lessoniana, Férussac. 15. 21 S. australis, Quoy et Gaimard.

G . SEPIOTEUTHE *(SEPIOTEUTHIS)* Pl. 7.

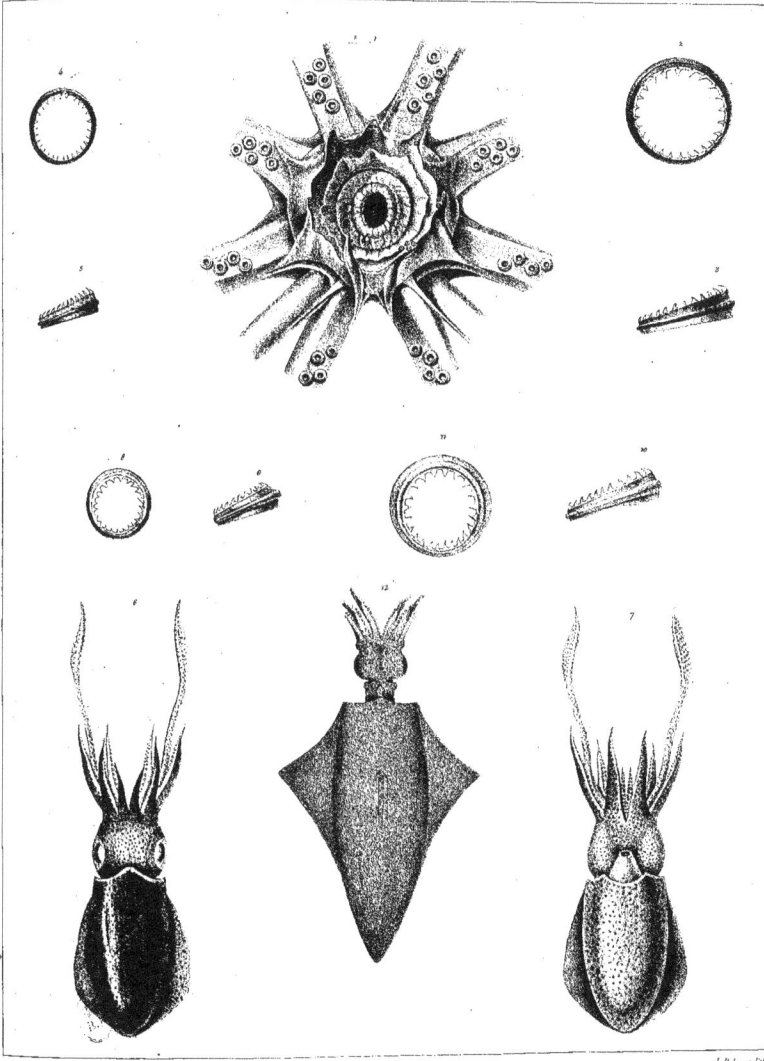

1.5 Sepioteuthis mauriciana, *Quoy et Gaimard*, 6.11 S. sepioidea, *Blainville*,
S. Mayor, *Gray*.

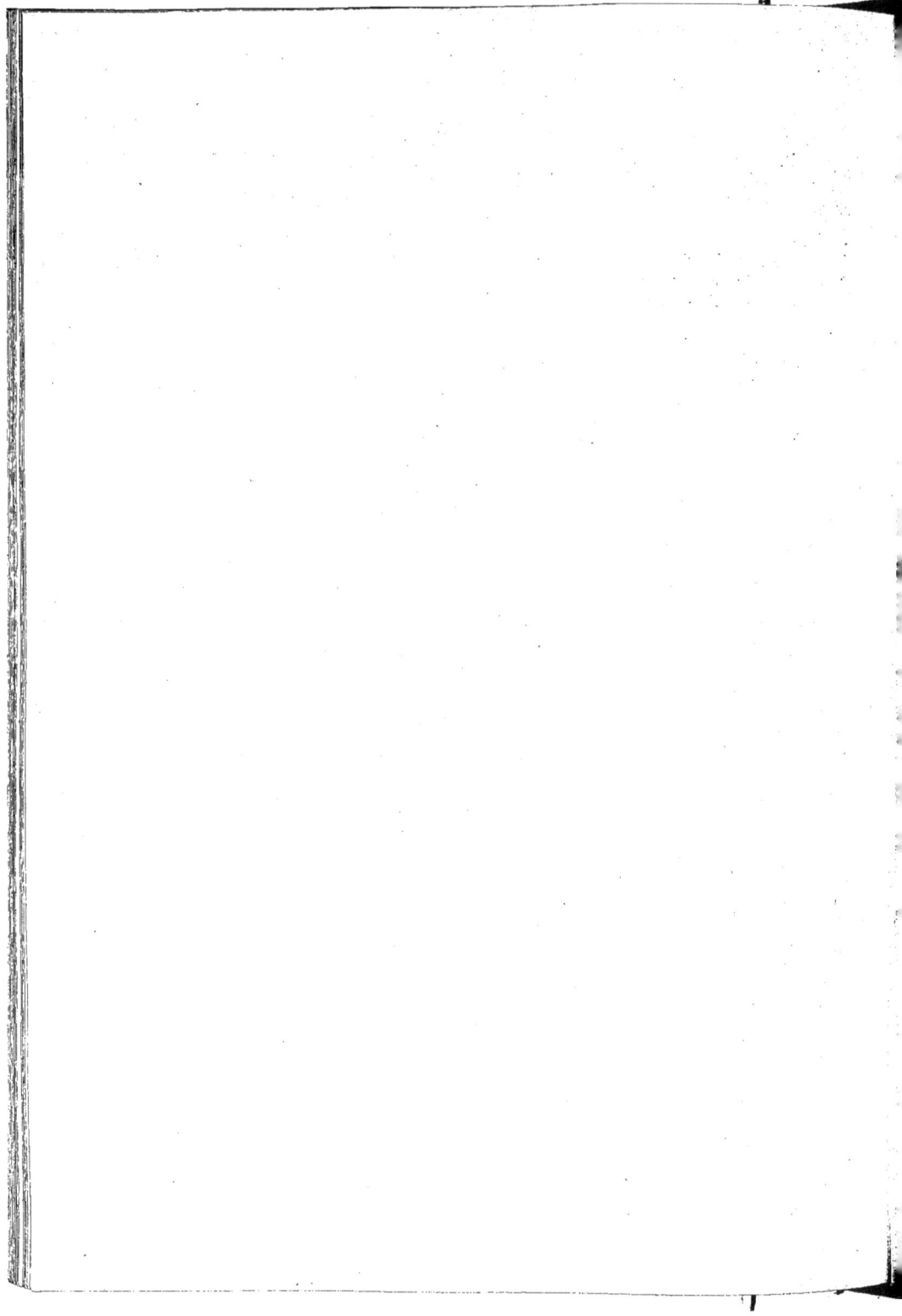

G. CALMAR *(LOLIGO)* Pl. 1.

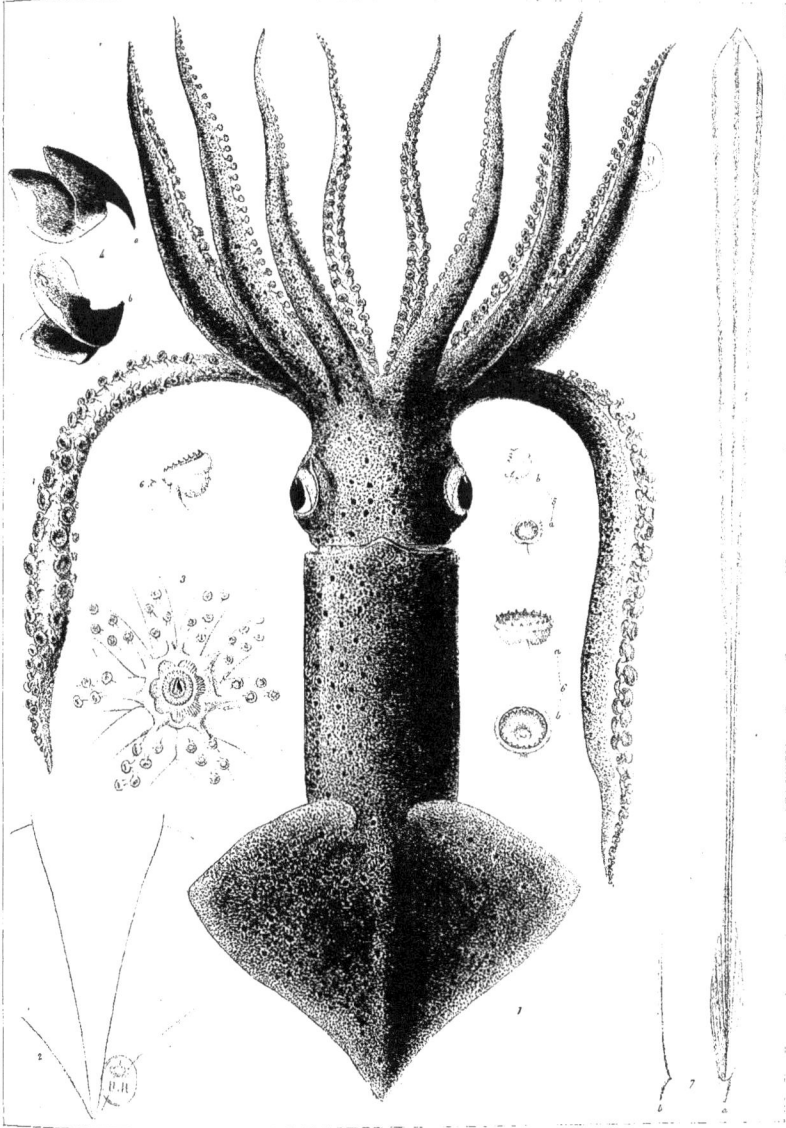

Gerrel. ad. Lap. delin.   Lith. de Brand.

L. todarus, Rafin.

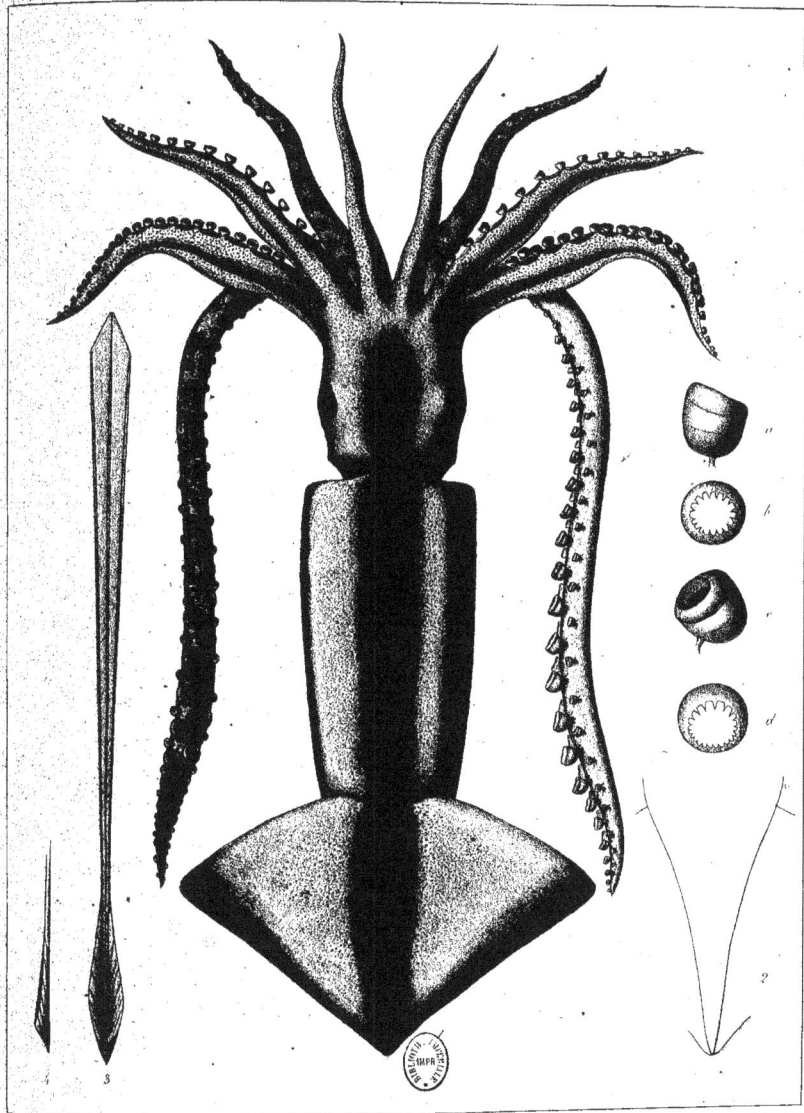

Atelier de Guérin.

Imp. Lith. de Bove dirigée par Niel ainé et C.

L. sagittata. Lamarck.

Cryptodibranches.

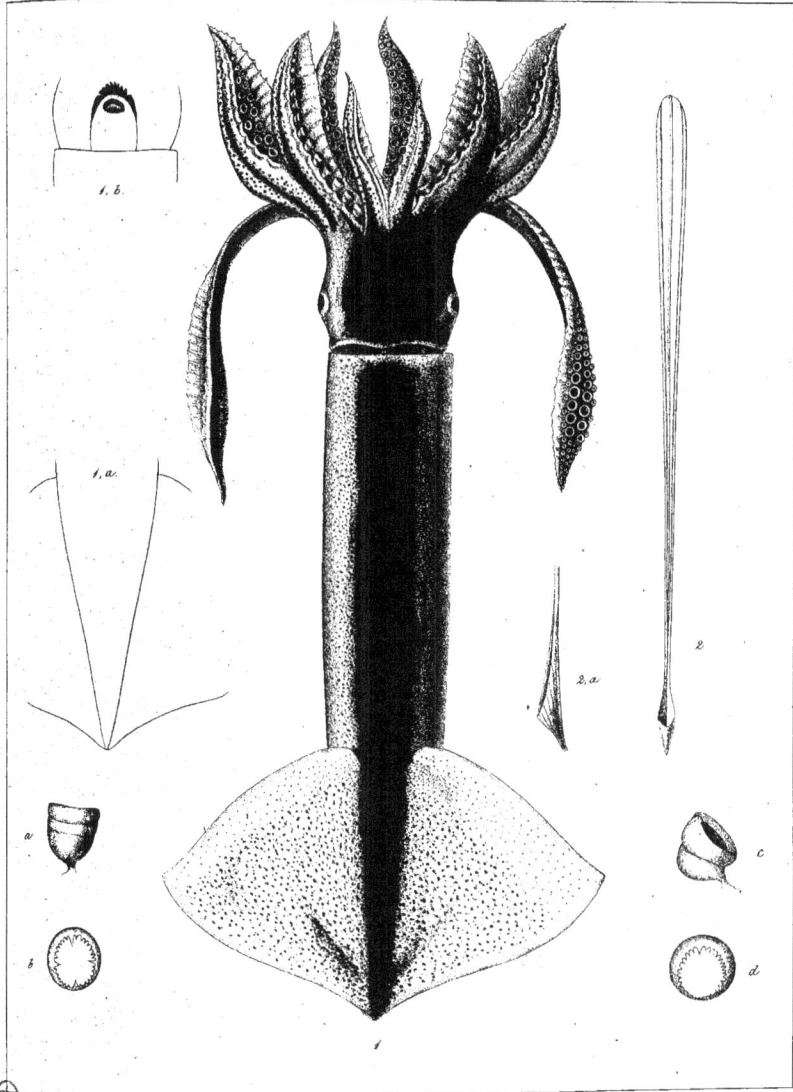

1, b.

1, a.

2

2, a.

a

b

c

d

1

B.H. Prevost pinx.   Atelier de Guérin.   Imp. Lith. de Bove, dir.gée par Neal ainé et Ce.

L. Bartramii, Lesueur.

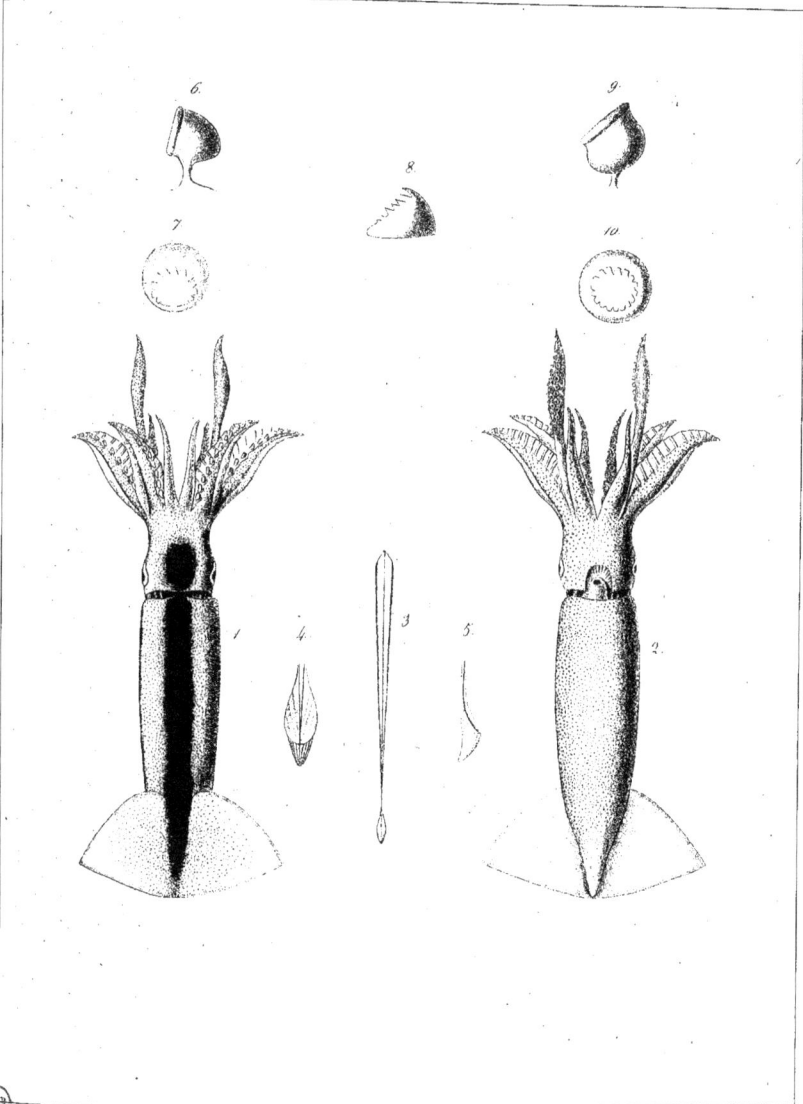

U. H. Prévost, pinx.　　　　　Atelier de Guérin.　　　　Imp. Lith. de Bove, dirigée par Noël ainé et Cie

L. onalaniensis, Lesson.

Cryptodibranches .

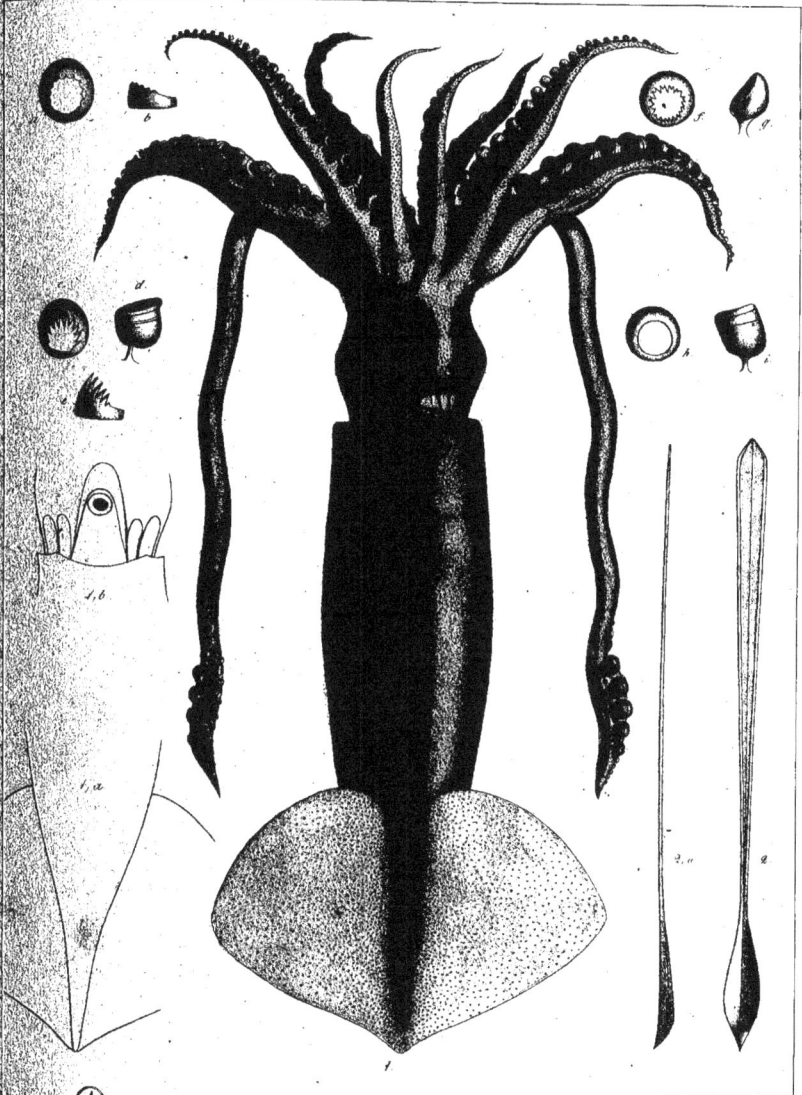

L. Brongnartii , *Blainville.*

G. CALMAR (*LOLIGO*) Pl. 5.

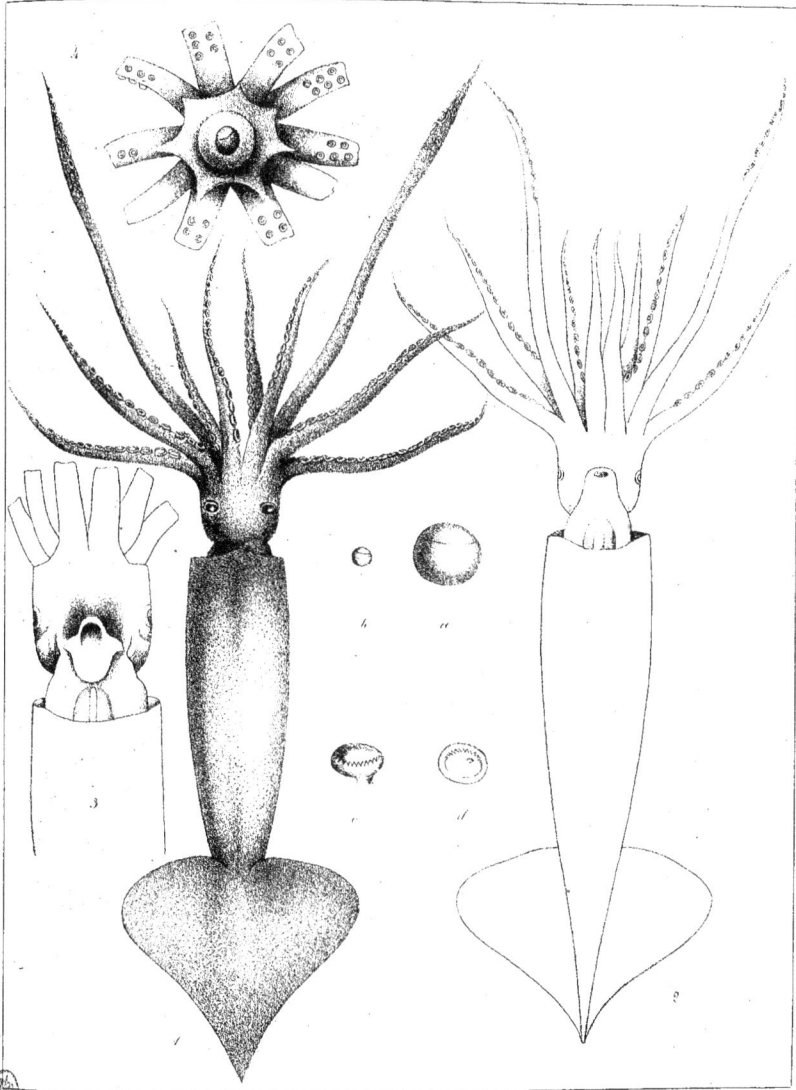

Melis de Guerin.   Imp. Lith. de Rose dirigée par Nicl aine et C.ie

L. piscatorum. Lapilaye.

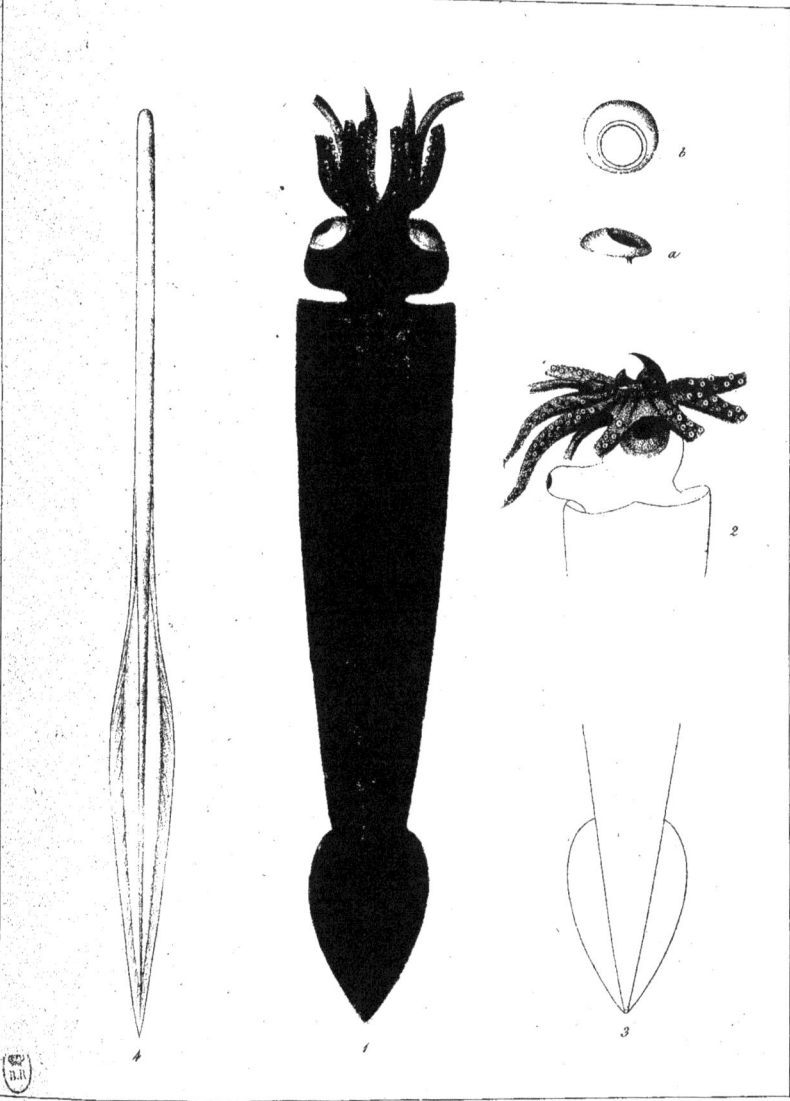

b

a

2

1

3

4

A.Prevost pinx.   Atelier de Gaoria.   Imp.Lith.de Bove, dirigée par Noël ainé et cie.

L. Pavo. Lesueur.

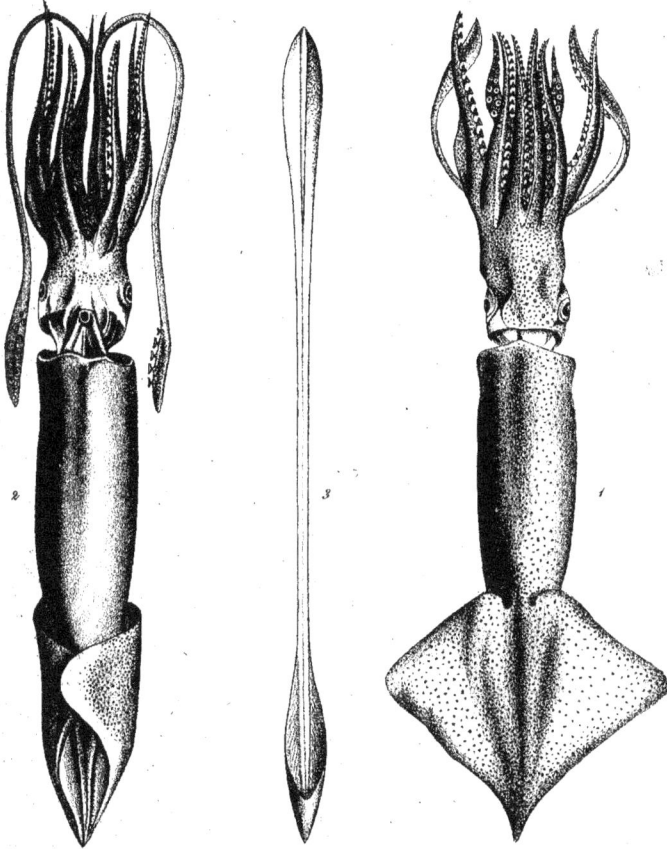

D'après Lesueur.　　　　　　Atelier de Guérin.　　　　　Imp. Lith. du Bove. dirigée par Noël ainé et Cie.

L. illecebrosa, Lesueur.

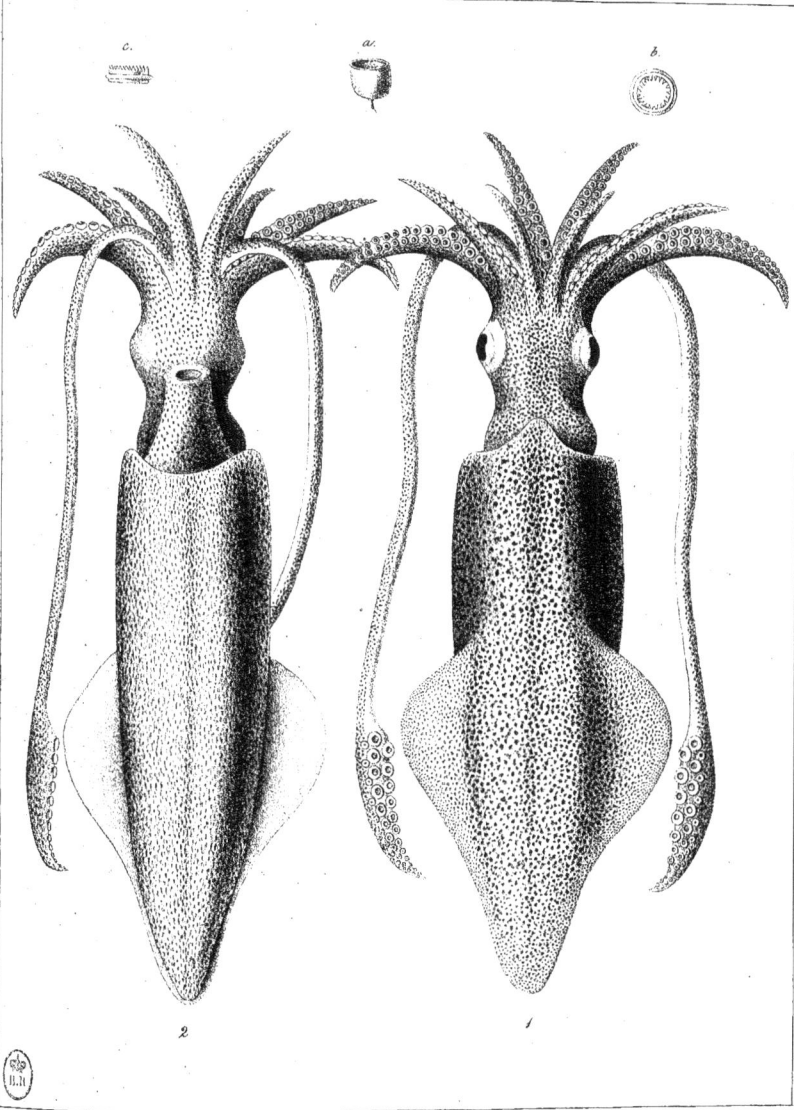

c.

a.

b.

2

1

A. d'Orbigny pinx.

Atelier de Guérin

Imp. Lith. de Bive dirigé par Vial ainé et C.ie

L. vulgaris, Lamarck.

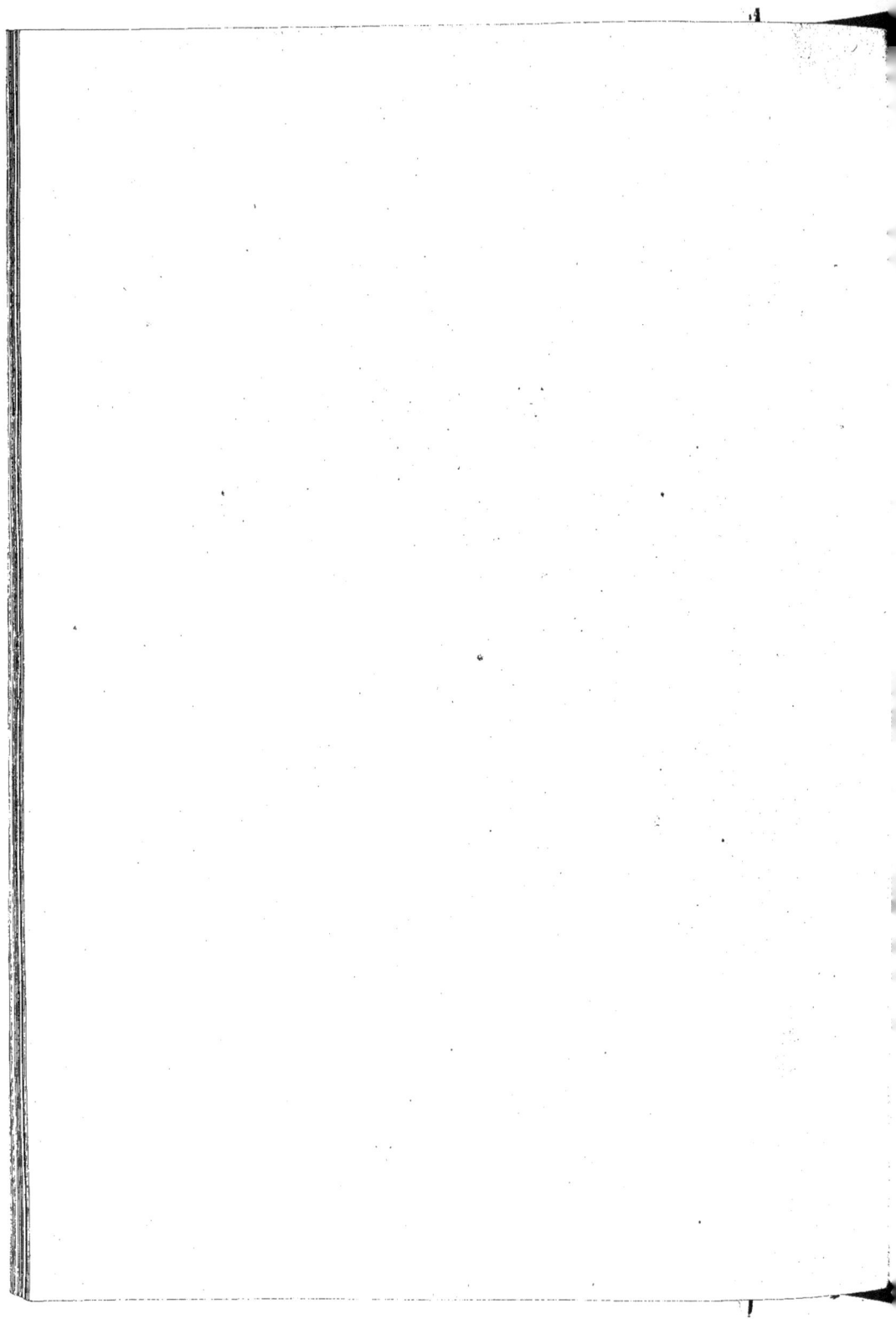

G CALMAR *(LOLIGO)* Pl. 9.

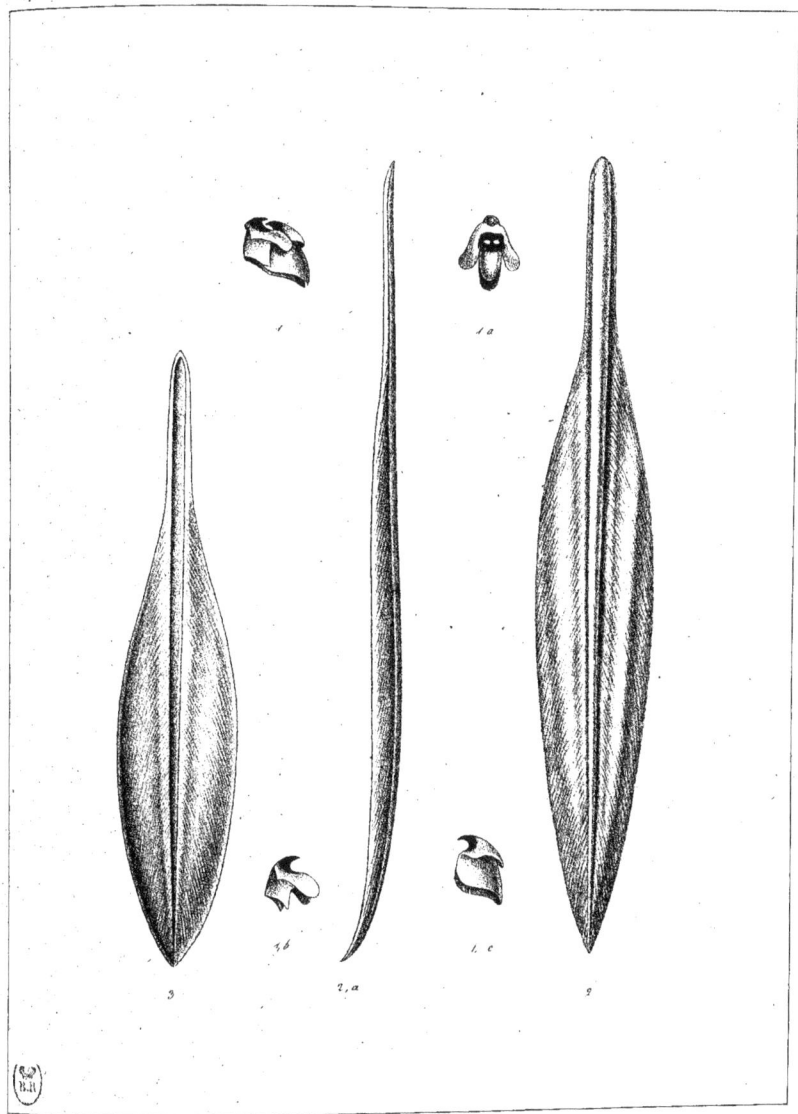

H Orbigny   Atelier de Guérin   Imp Lith de Bove dirigée par Noël ainé et Cie

1 Bec du S. vulgaris. 2 Rudiment interne du mâle. 3 d° de la femelle.

G . CALMAR.(*LOLIGO*) Pl.10.

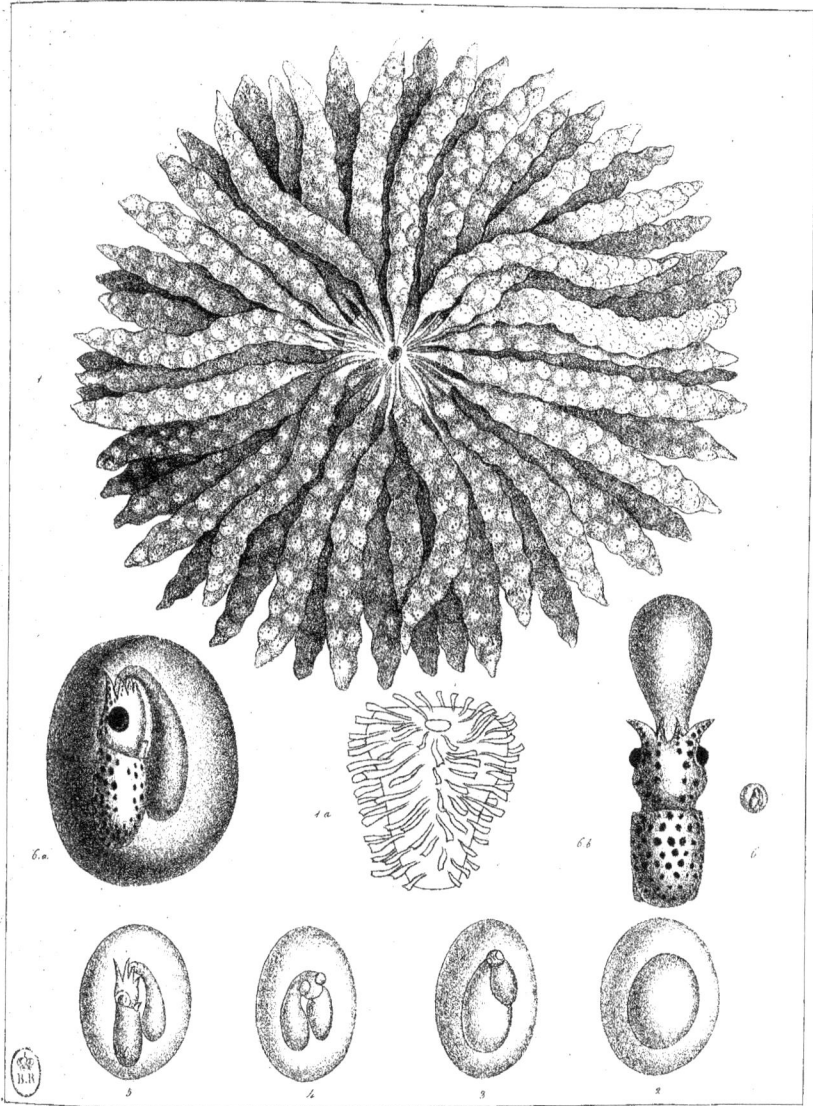

d'Orbigny   Atelier de Guerin   Imp. Lith. De Bove dirigée par Noël ainé

1 Grappe d'œufs du S. vulgaris. 1.a. Noyau du grouppe.
2 à 6. Développement de l'œuf et du fœtus.

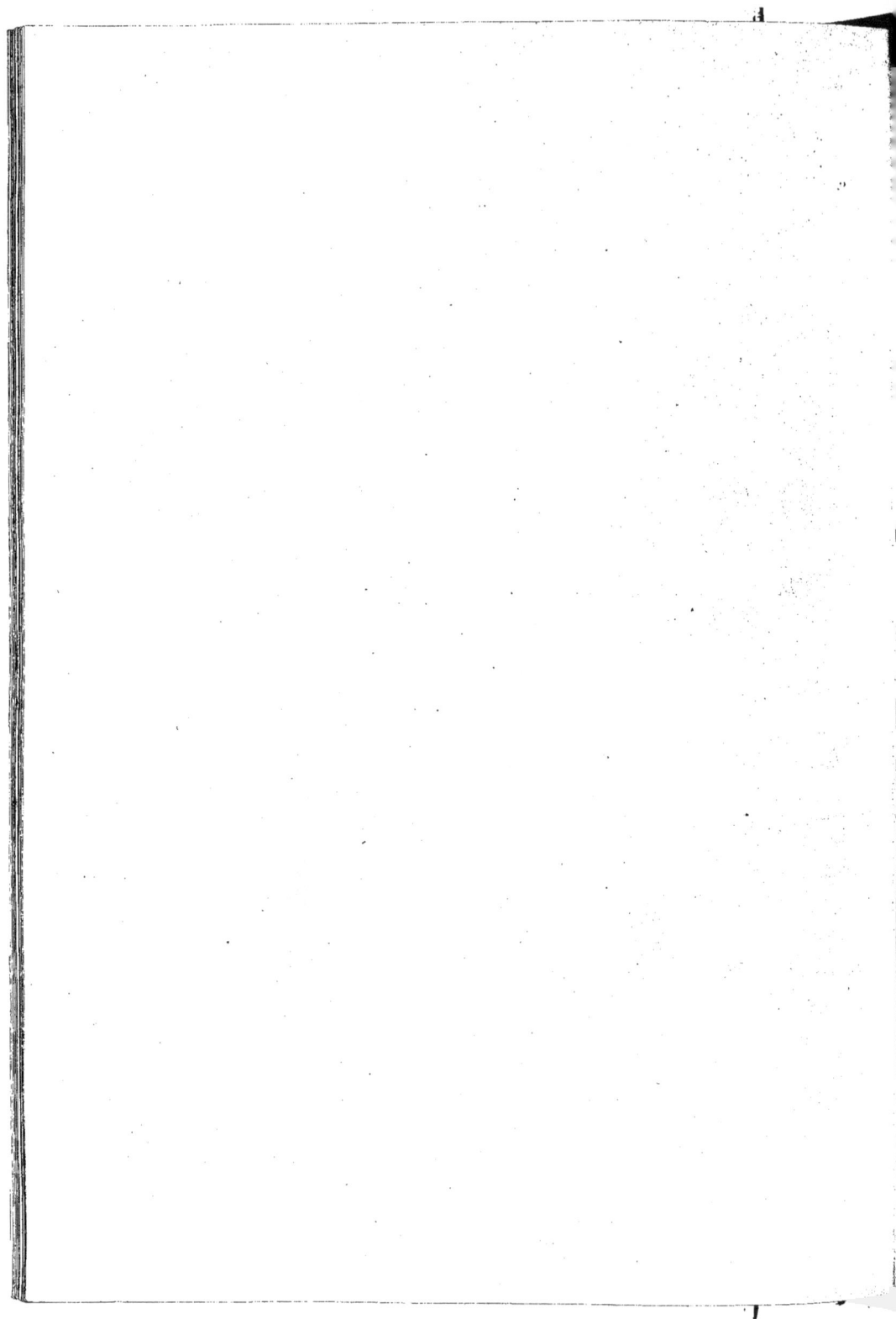

G. CALMAR. *(LOLIGO.) Pl. 11.*

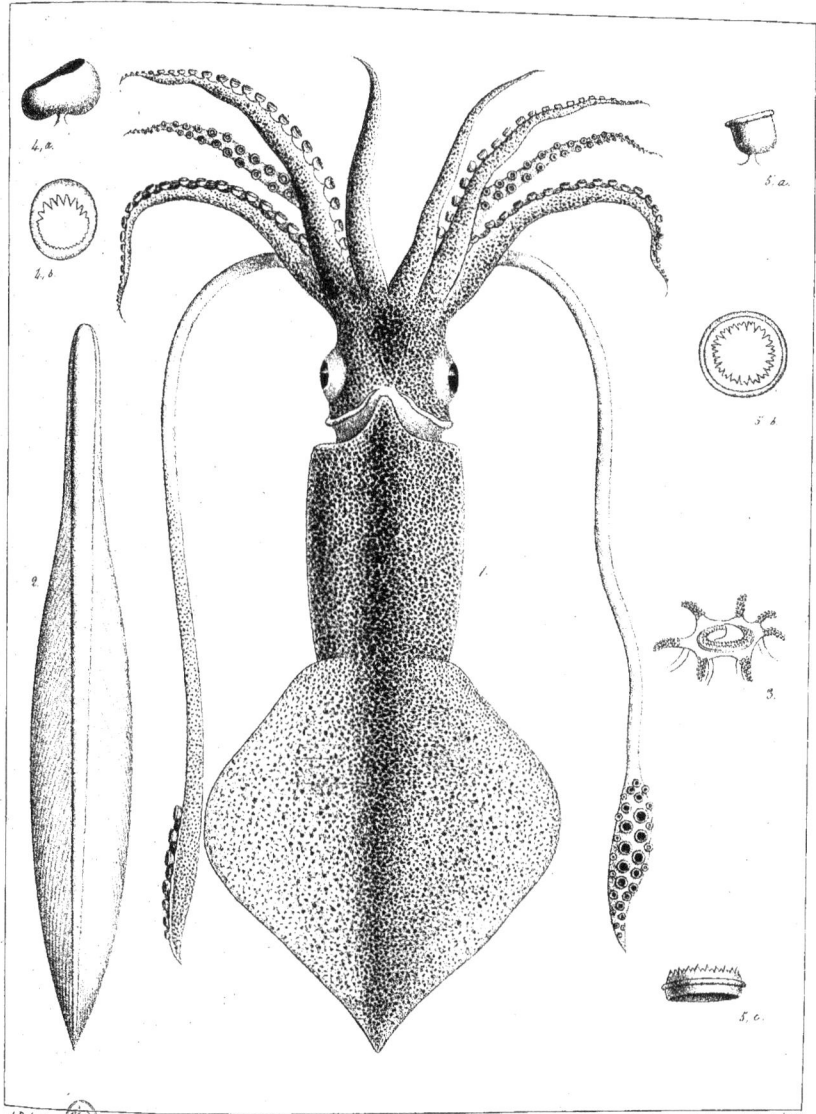

A. Prévost, pinx.   Atelier de Guérin.   Imp. Lith. de Bove, dirigée par Noël aîné et C.ie

L. Pealeii, Lesueur.

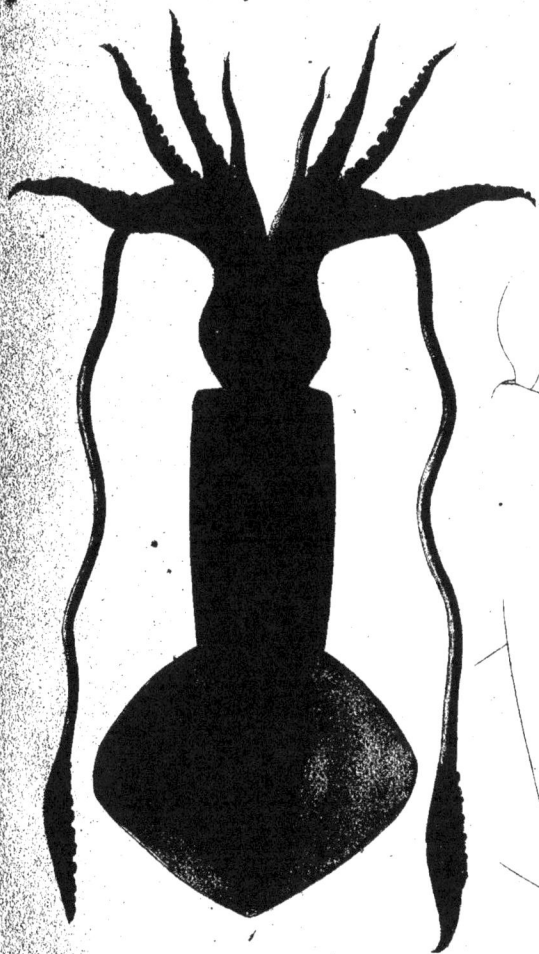

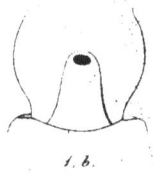

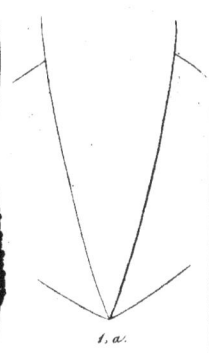

Atelier de Guerin.   Imp. Lith. de Bois. dirigée par Noël ainé et Cie.

L. Brasiliensis. Blainville

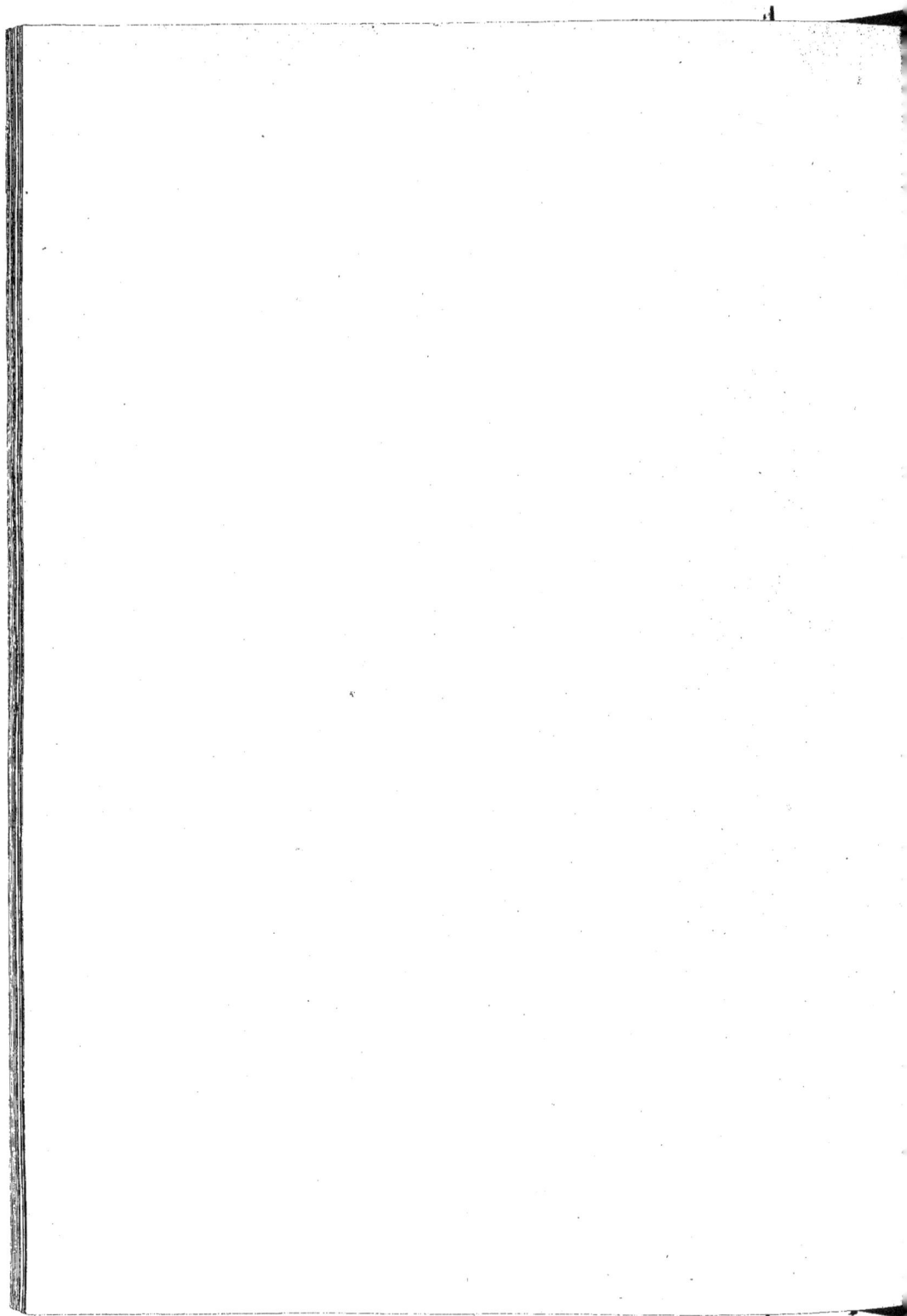

Atelier de Guérin.   Imp. Lith. de Bove dirigée par Noël ainé et C.

1 à 3 *L. Sumatrensis*, d'Orbigny, 4 à 6 *Brevipinna Lesueur.*

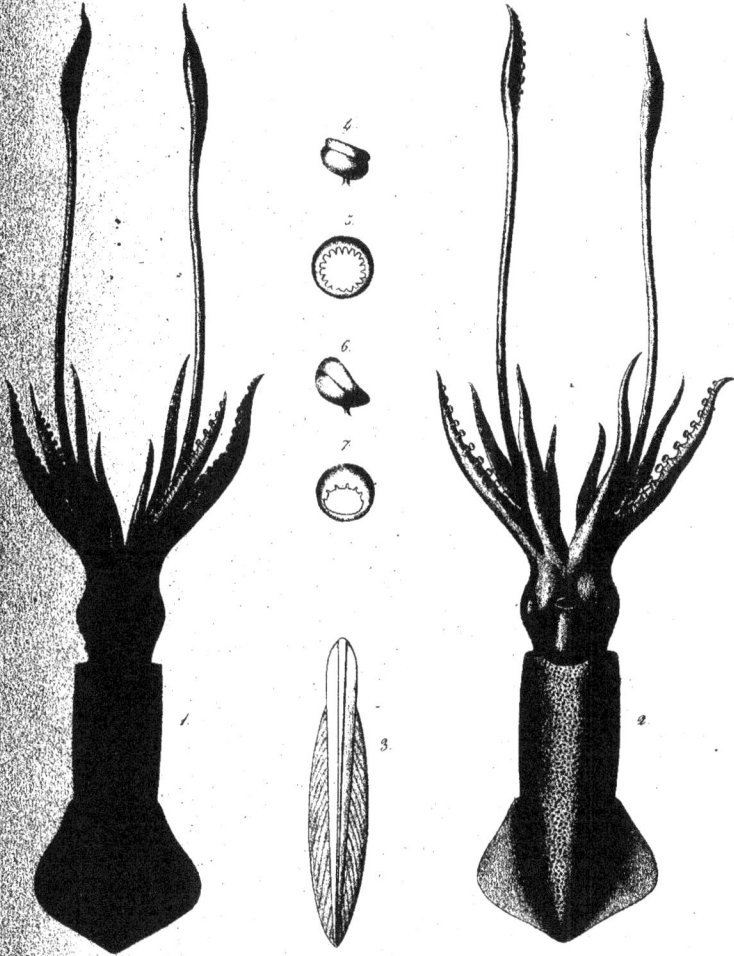

L. Duvancelii , d'Orbigny.

Céphalopodes.

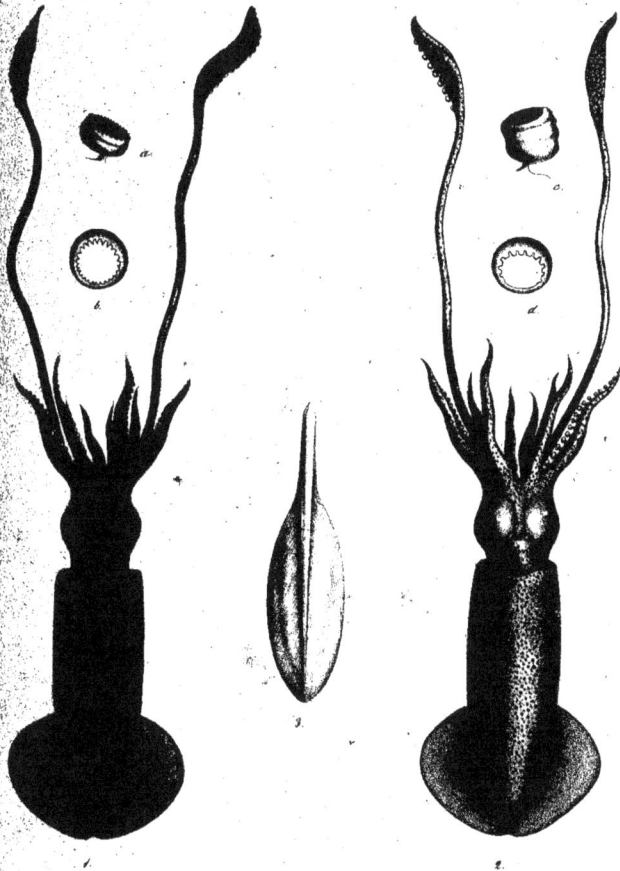

Atelier de Guérin.   Imp. Lith. de Bove, dirigée par Noël aîné et C.ie

L. brevis, Blainville.

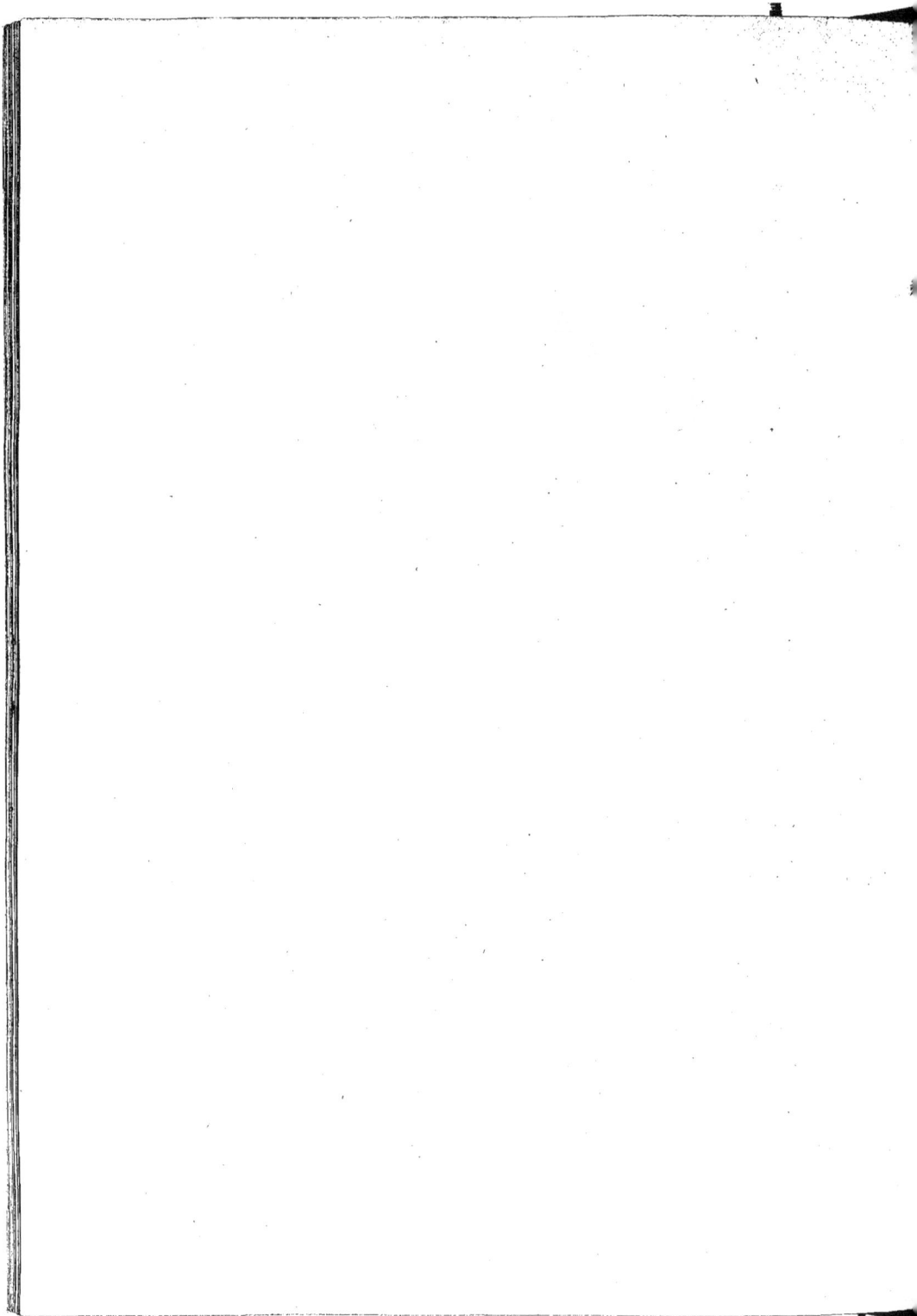

G . CALMAR .(*LOLIGO* .) *Pl. 16.*

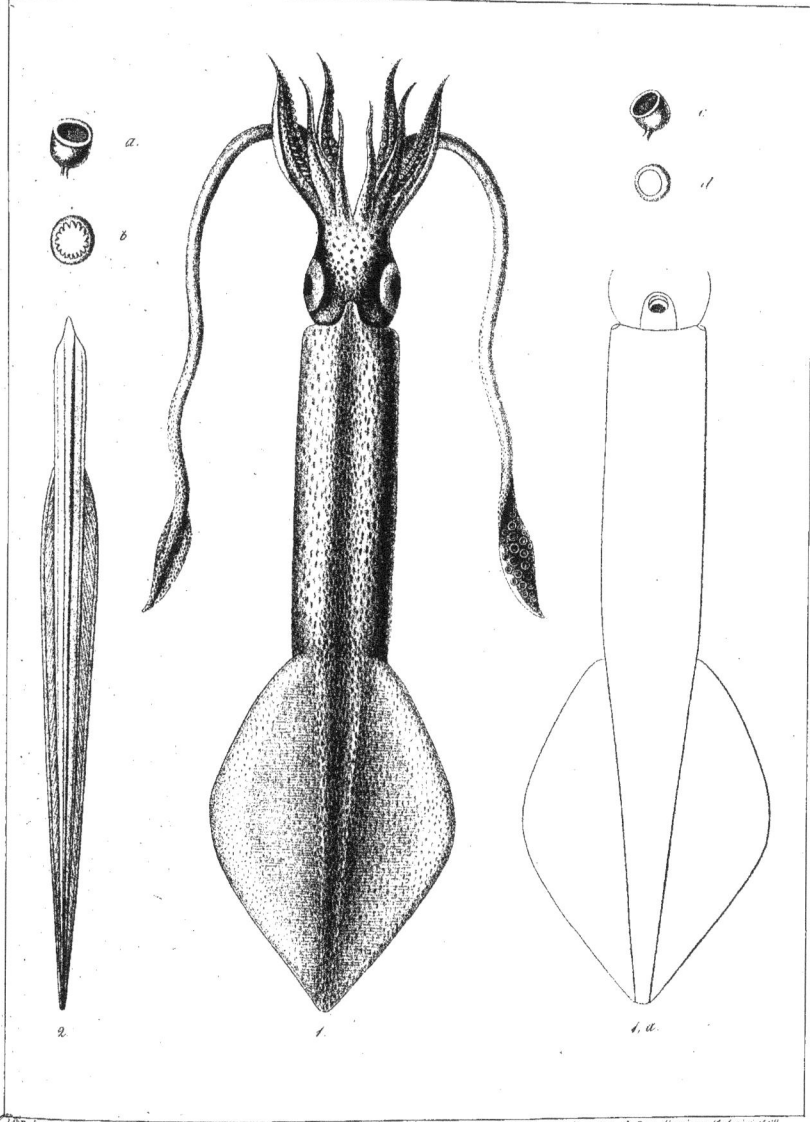

a.

b.

c

d.

2.

1.

1. a.

L. Pleii , Blainville .

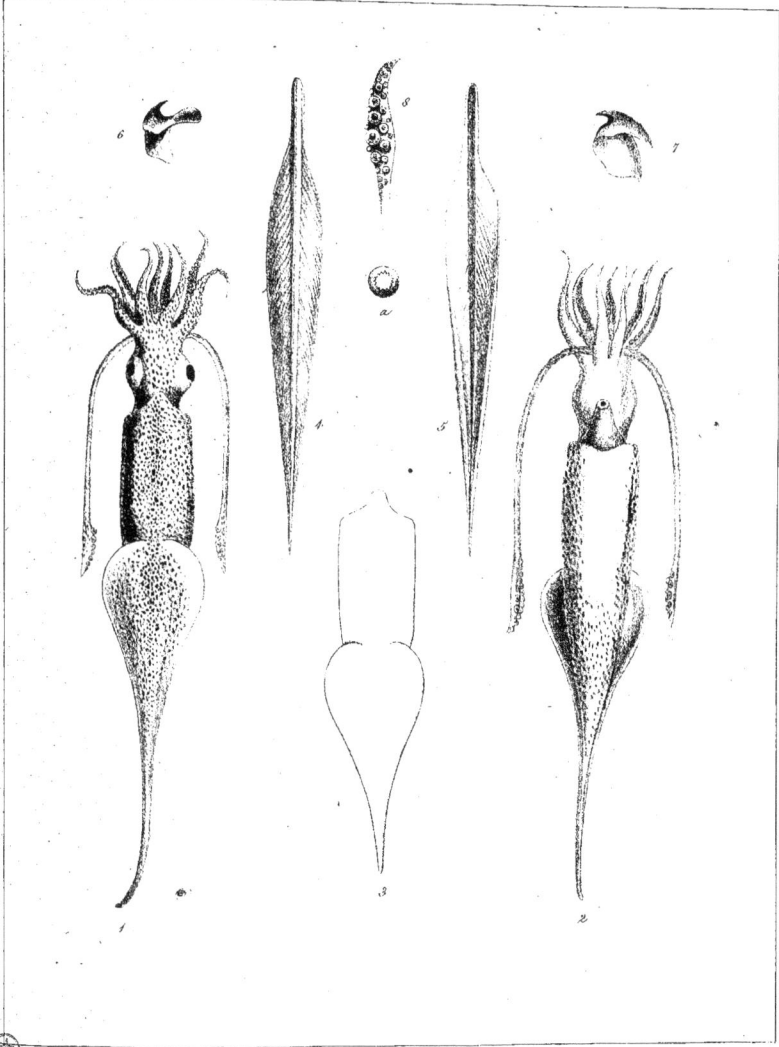

S. subulata, Lamarck.

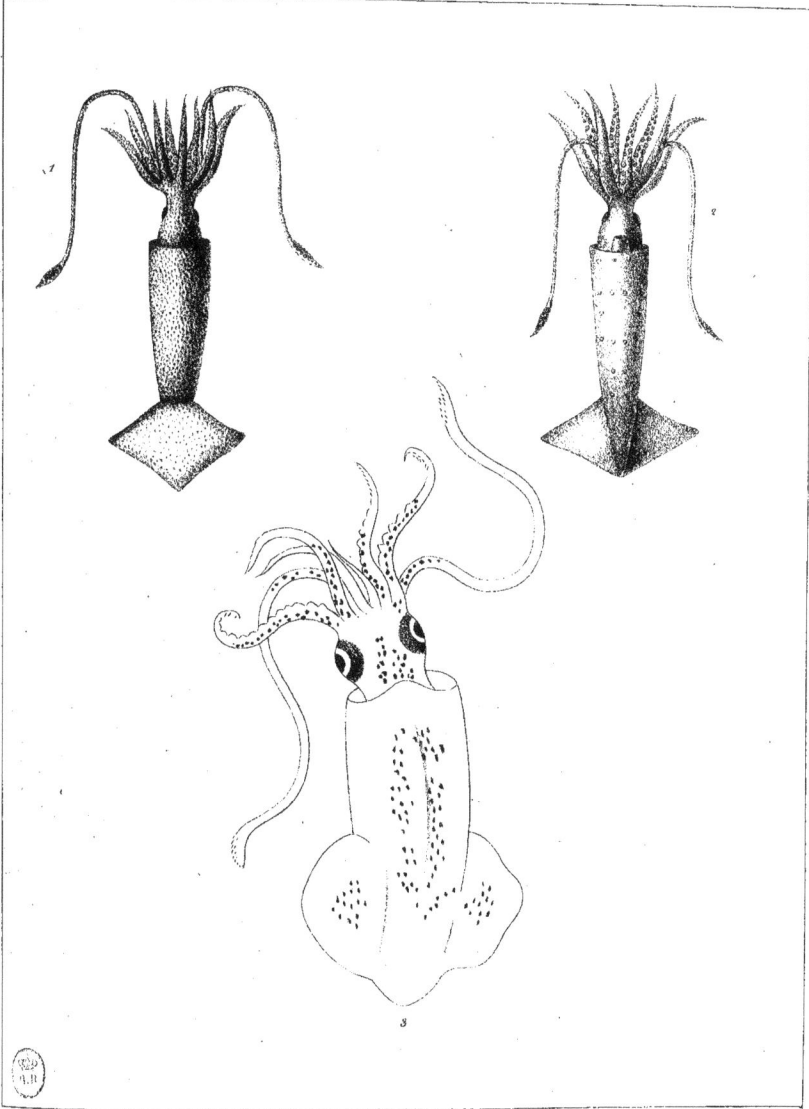

Atelier de Guérin.   Imp. lith. de Bove, dirigée par Noël ainé & Cie.

1, 2, *L. Pelagicus, Bosc;* 3, Figure de Calmar, tirée d'un ouvrage chinois.

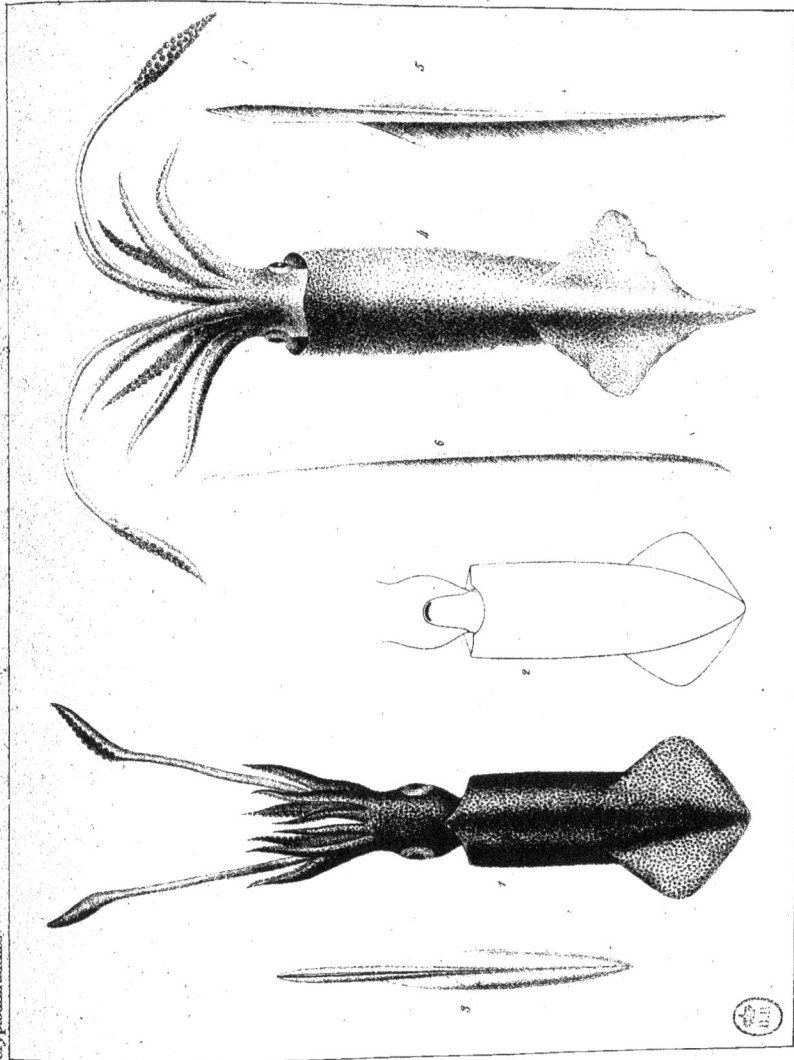

1, 2, 3. L. Bouyianus, Férussac, 4, 5, 6. L. Rangii, Pérussac.

M. Parry delin.t Imp. lith. de Bion, dirigée par Noël rue S.t C.ie

Proinet.

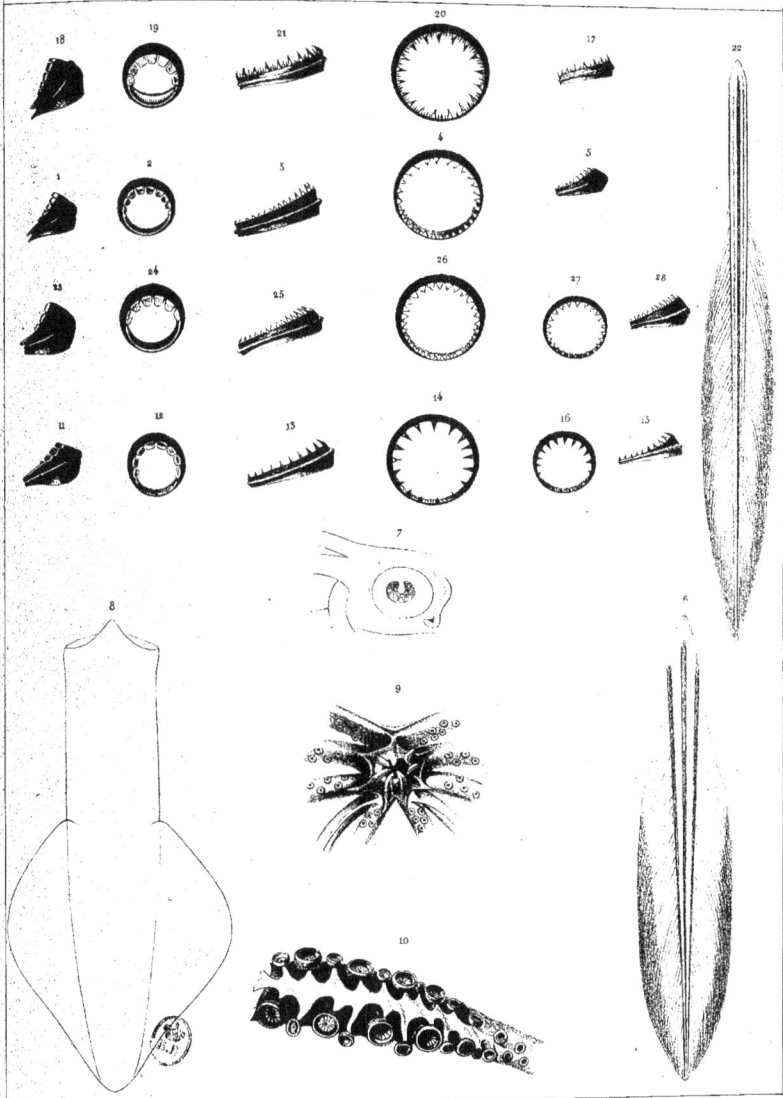

Prêtre pinx.¹

Imp. Lemercier, Benard et Cⁱᵉ

1.5. *Loligo brasiliensia, Blainville* – 6-16. *L. Duvaucelii, d'Orbigny*
17-27 *L. Pealei, Lesueur.* 22-28 *L. gahi, d'Orbigny.*

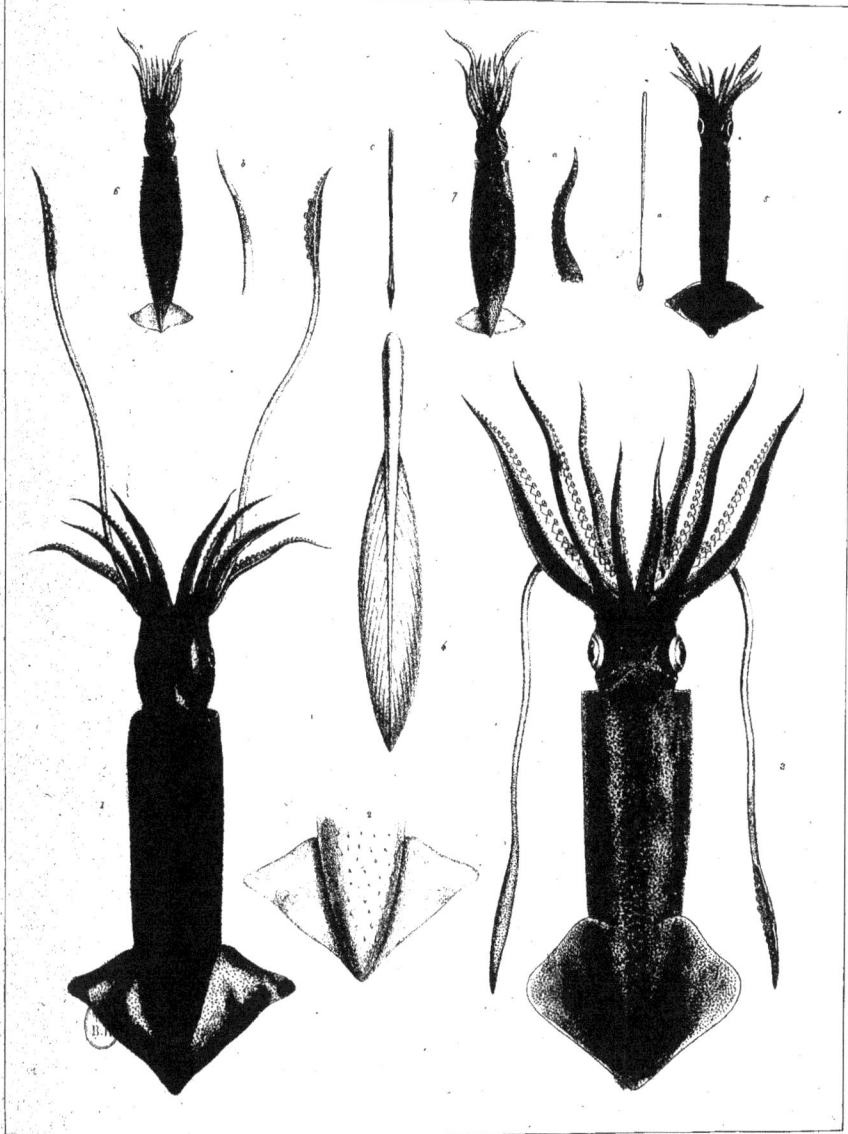

Trinne? ad hap. delin.

L. de Monard. de l'Olinpek

Fig. 1, 2. L. vanicoriensis, Quoy; 3, 4, L. Gahi, d'Orbigny;
5, a, L. cylindracea, d'Orb; 6, 7, b. a; L vitreus, Rang.

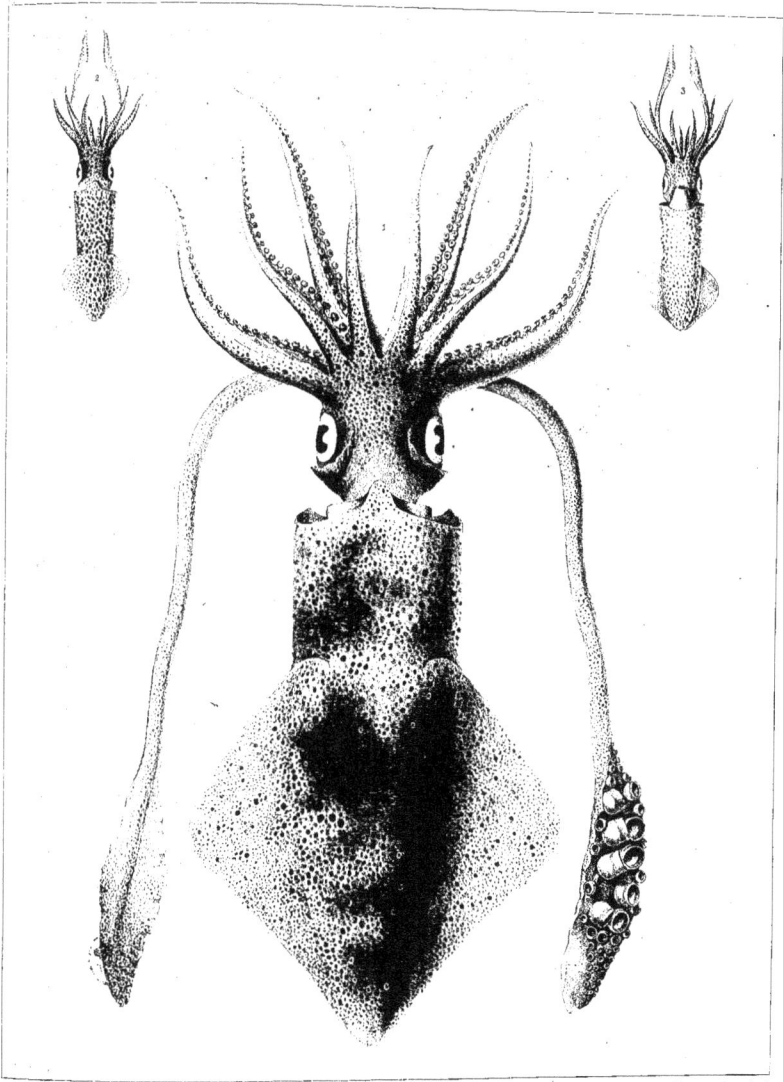

Térany pinx.

Imp. de Lemercier, Benard et C.

1. Loligo vulgaris, Lamarck.
2.3. Jeune individu de la même espèce

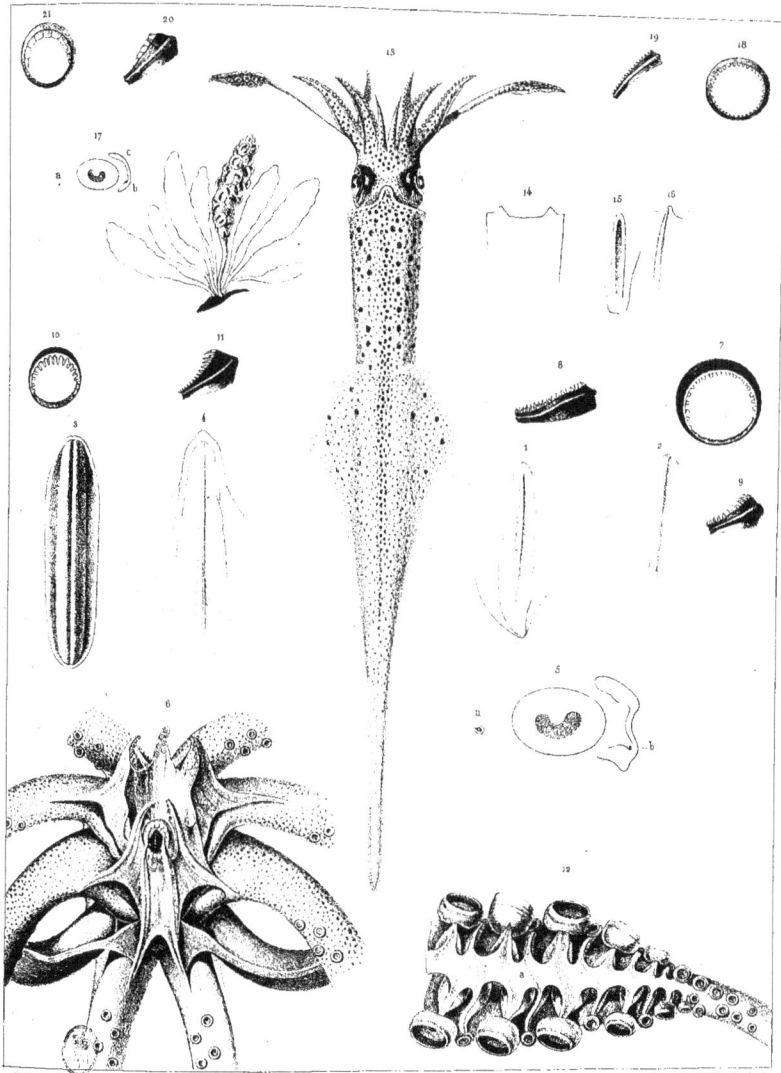

Prêtre pinx.t   Imp. de Lemercier Benard et C.

1.re *Loligo vulgaris, Lamarck.*
13.21 *Loligo subulata, Lamarck.*

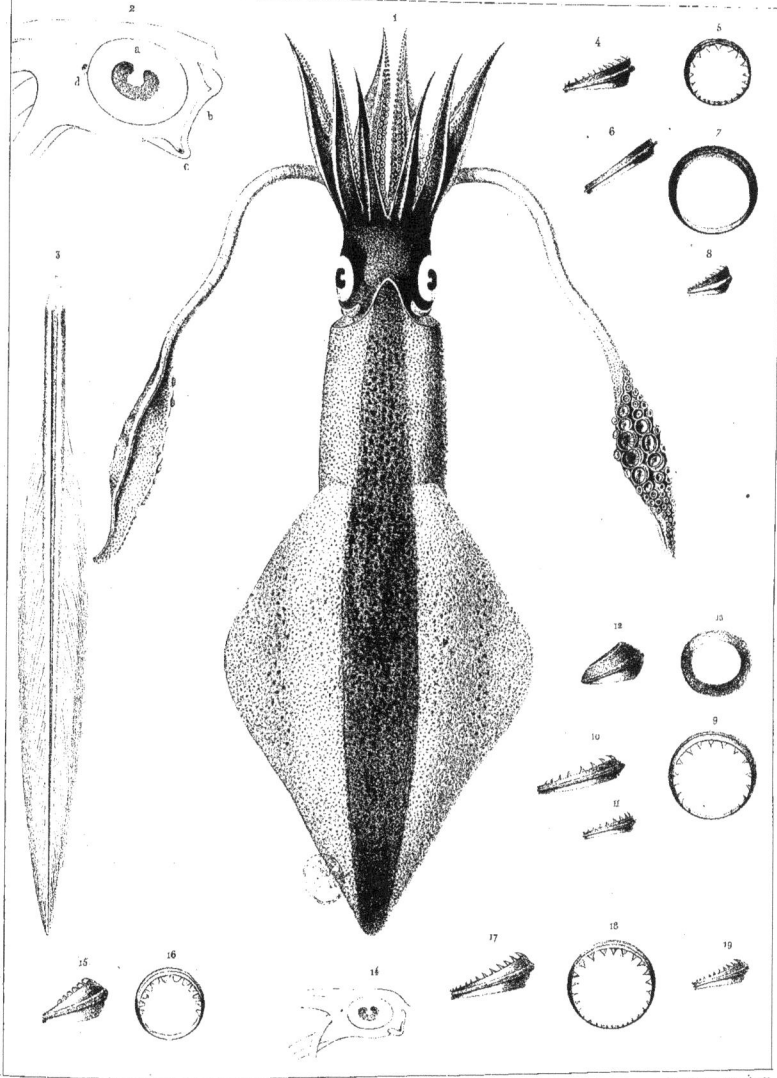

P-Pre pinx.t   Imp. Lemercier, Benard et C.

1.8. Loligo Reynaudii, d'Orbigny
9_13. L. _ Plei, Blainville 14_19 L._brevis, Blainville.

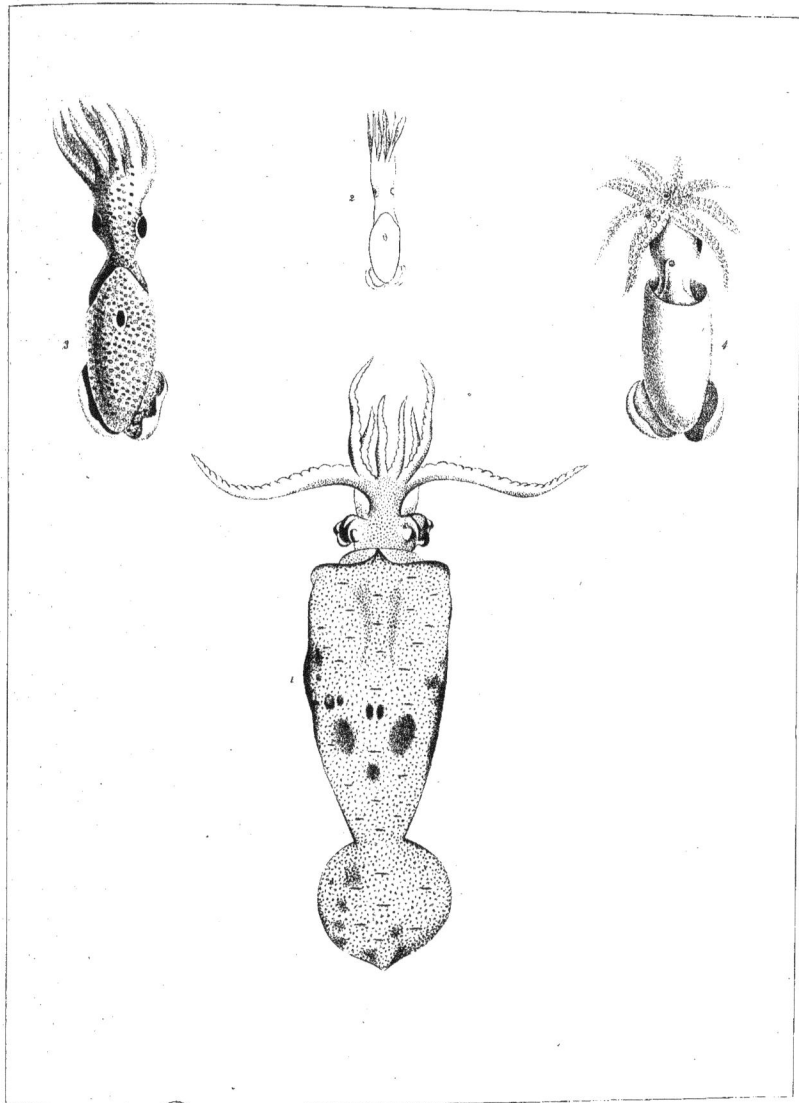

1. *L. Leachii*, de Blainville; 2, 3, 4, *L. Tilesii*, Férussac.

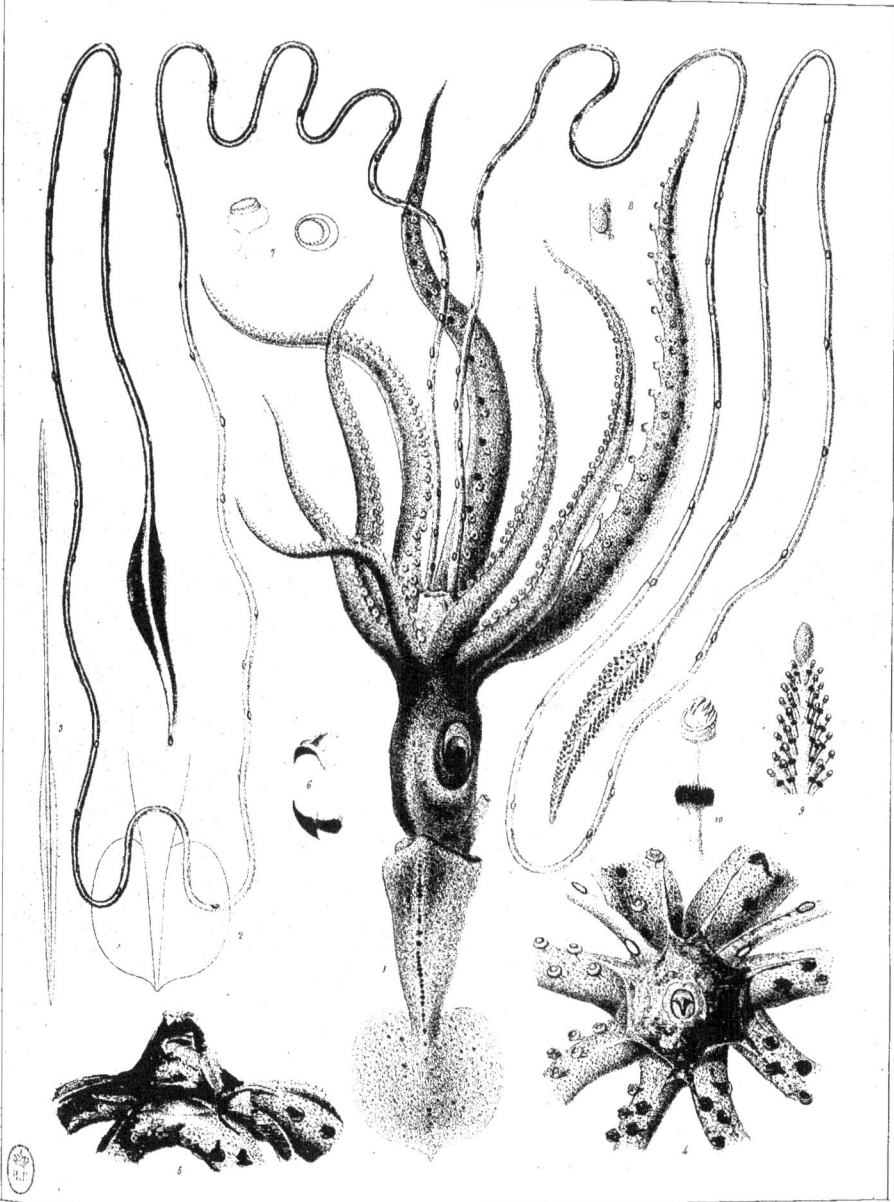

a. Chazal pinx.   Lith. de Bénard.   a. Chazal ad lapid del.

Loligopsis Veranii, Férussac.

G. CALMARET *(LOLIGOPSIS)* Pl.III.

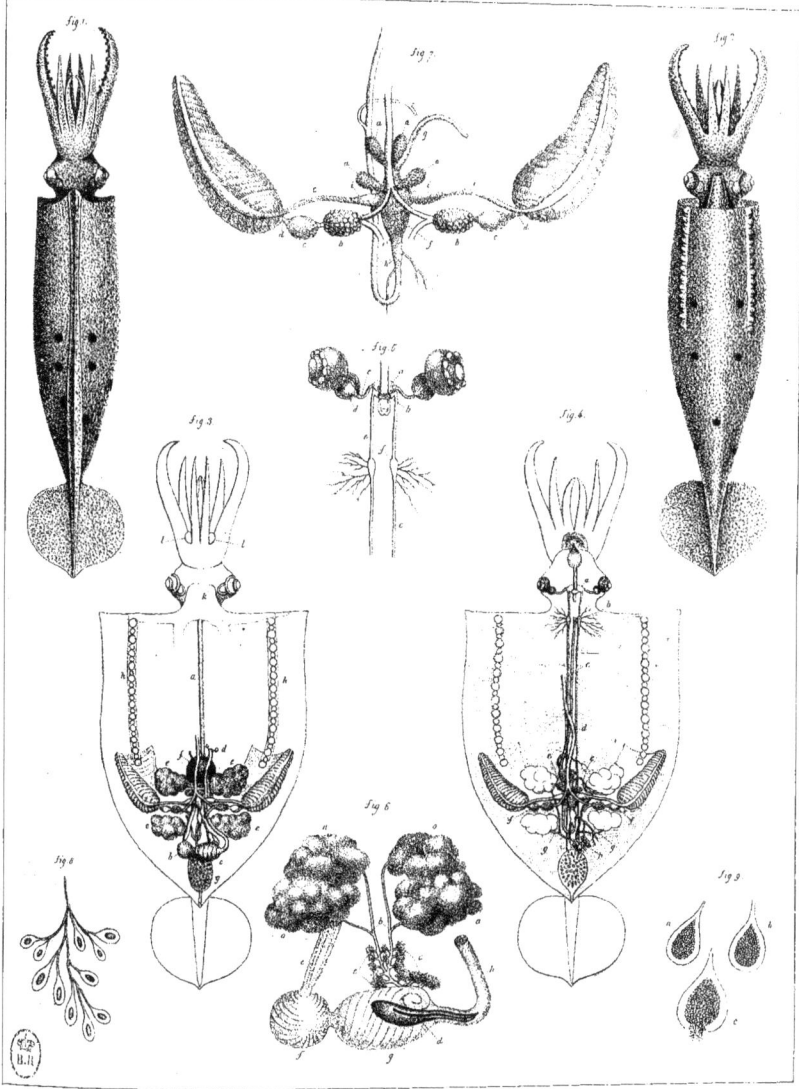

L. guttata., Grant.

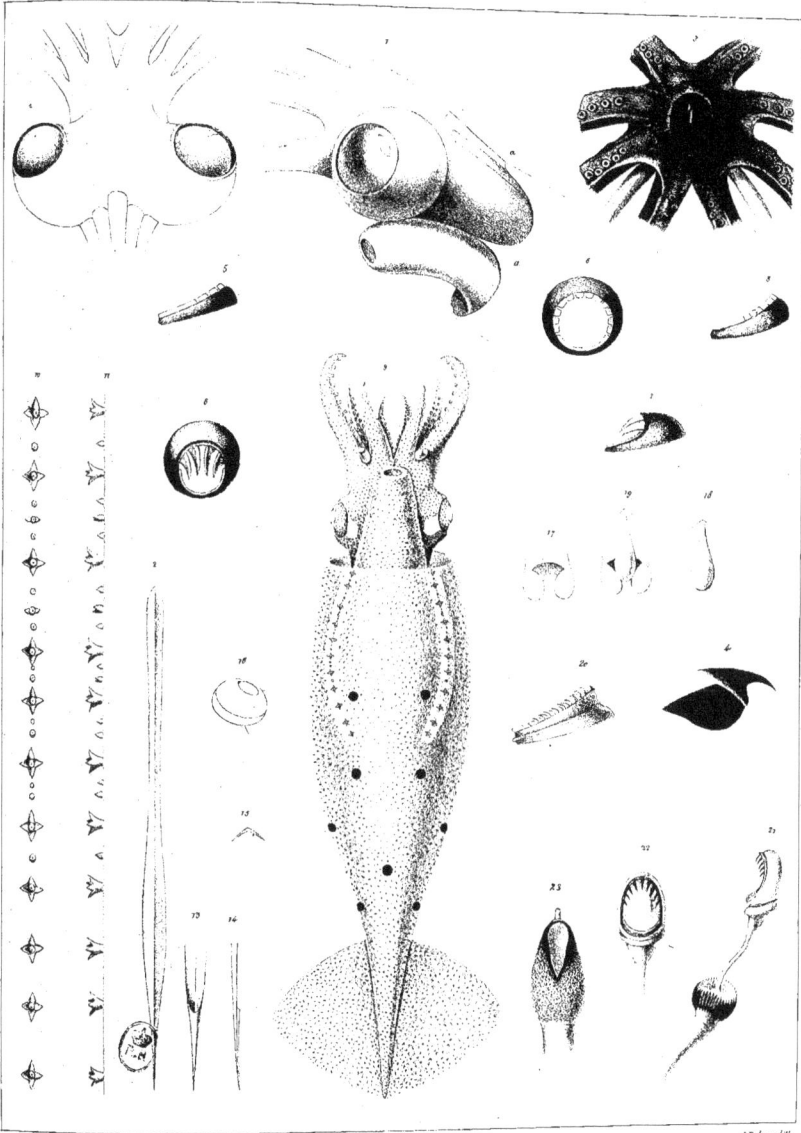

Félin pinx. Imp. Lemraie, Benard et C.ᵉ J. Delarue lith.

1.8. Loligopsis pavo, d'Orbigny. 9. 16. L. guttata, Grant.
17.23. Chiroteuthis Veranyi, d'Orbigny.

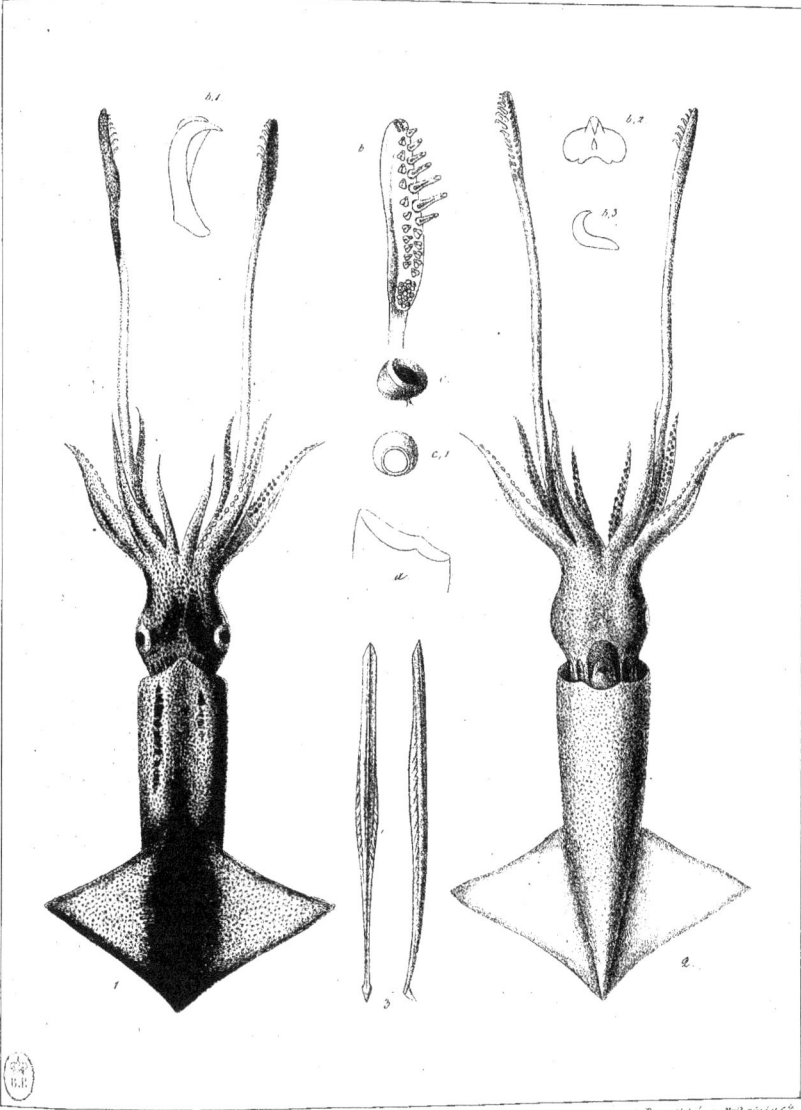

A Prévost, pinx.

Atelier de Guérin.

Imp. Lith. de Bove. dirigée par Noël ainé et C.ie

O. angulata . Lesueur .

Cryptodibranches.

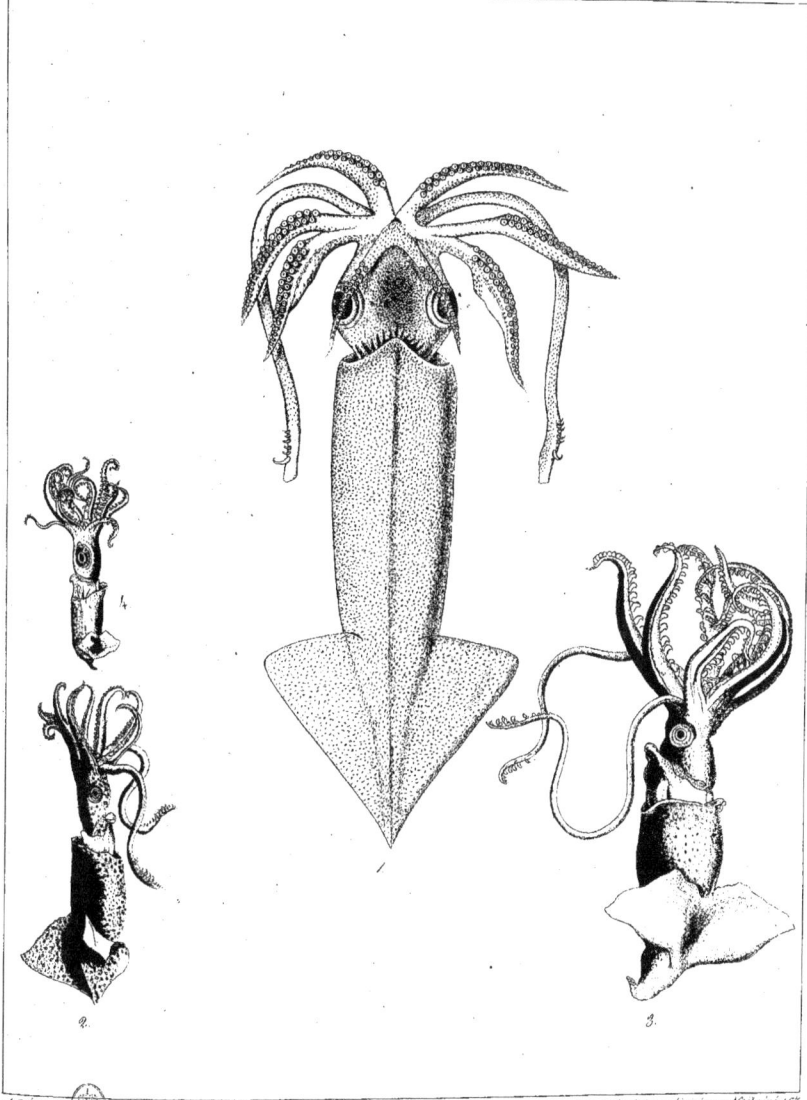

A. Prévost, pinx.   Atelier de Genève.   Imp. Lith. de Fon, dirigée par Noël ainé et Cie.

1. O. Lessonii, *Férussac*. 2. O. Banksii, *Leach*. 3. O. Smithii, *Leach*. 4. O. Leptura, *Leach*.

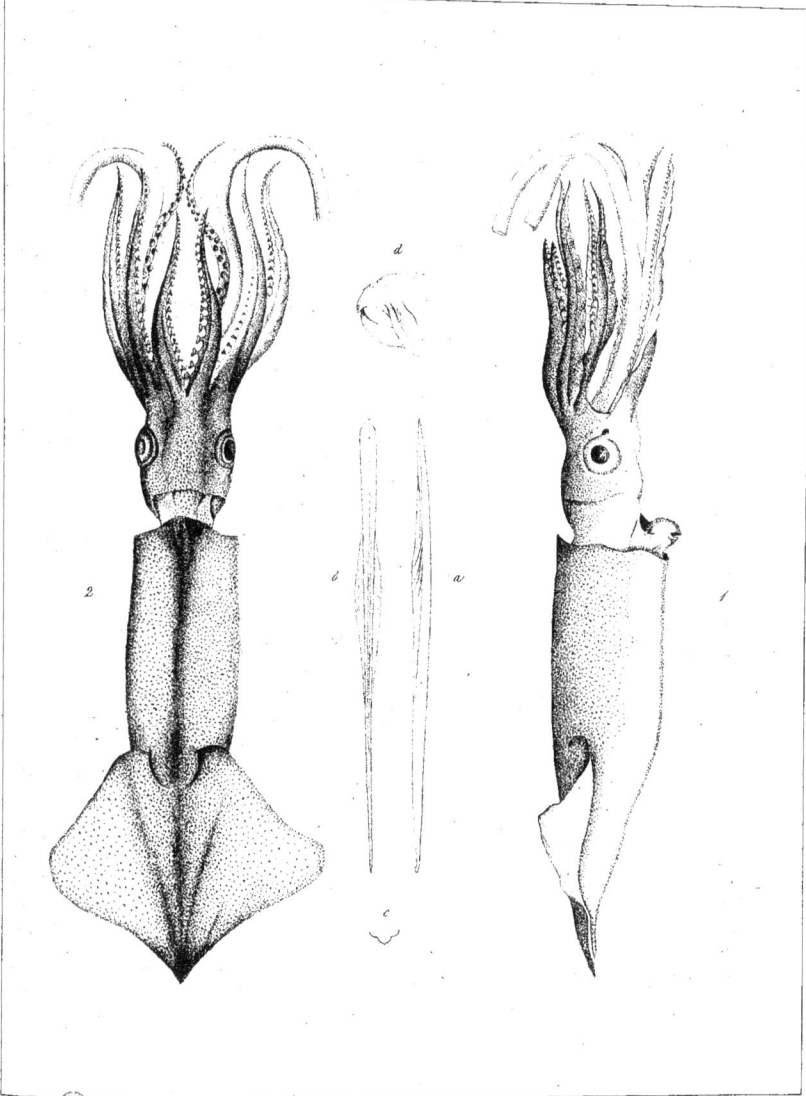

Atelier de Guérin

Imp.Lith. de J.Noël.

O. Bartlingii, Lesueur.

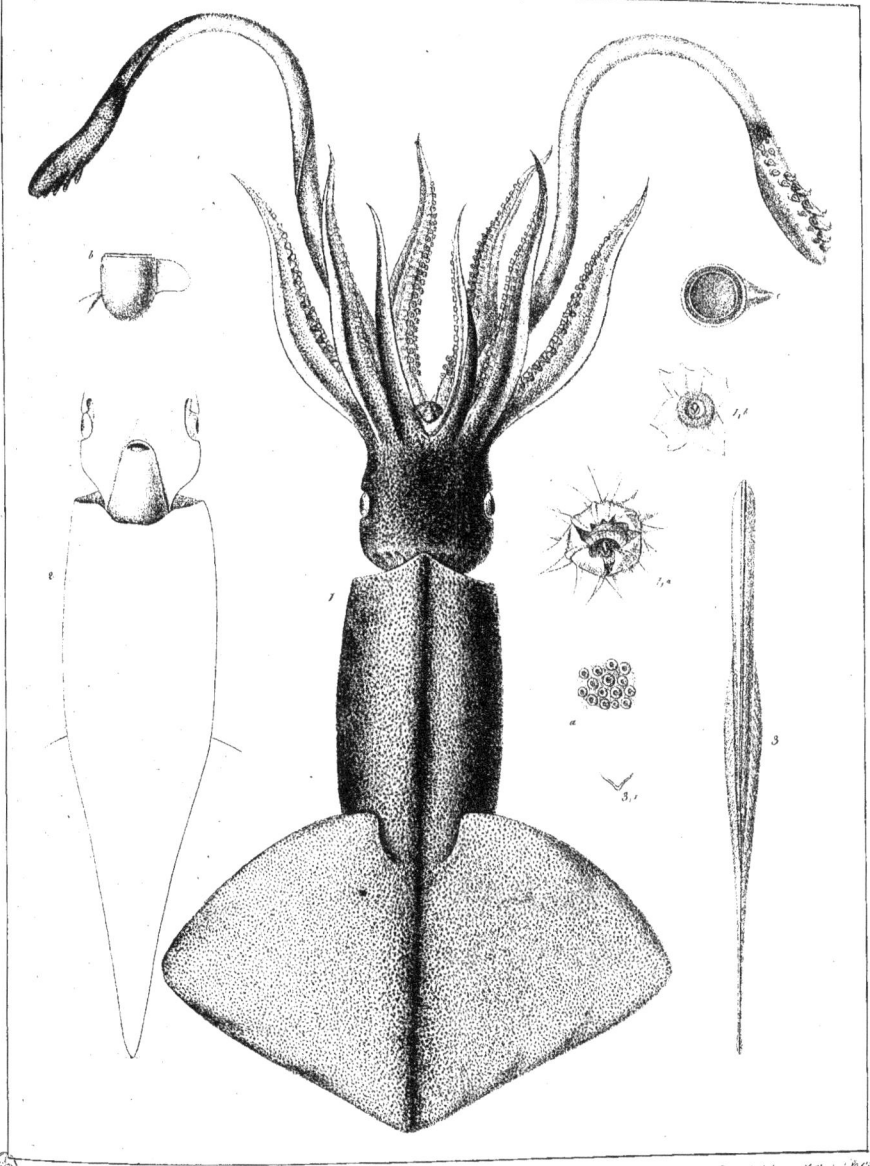

R.P. *fecit d'après nature .*   *Atelier de Guérin.*   *Imp. lith. de Bove, dirigée par Noël ainé N.º 1.*

O. *Bartlingii, Lesueur.*

Cryptodibranches.

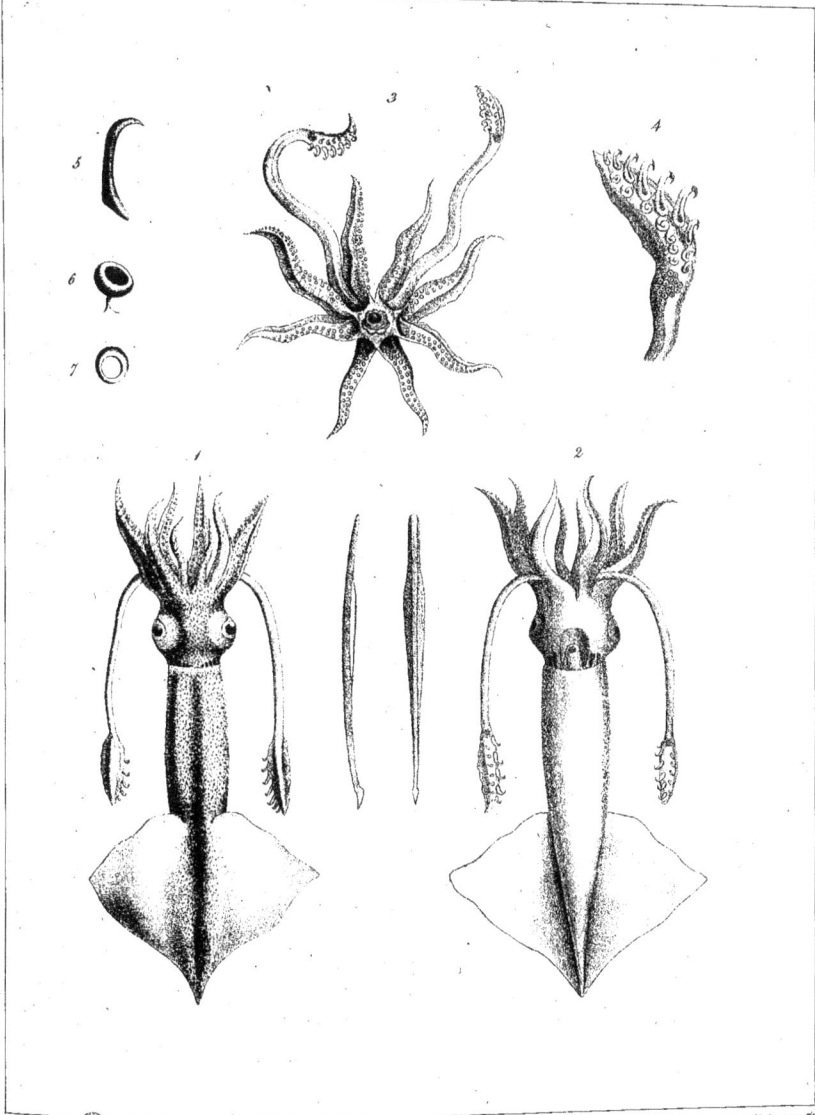

O. Lesueurii. d'Orbigny.

Cryptodibranches.

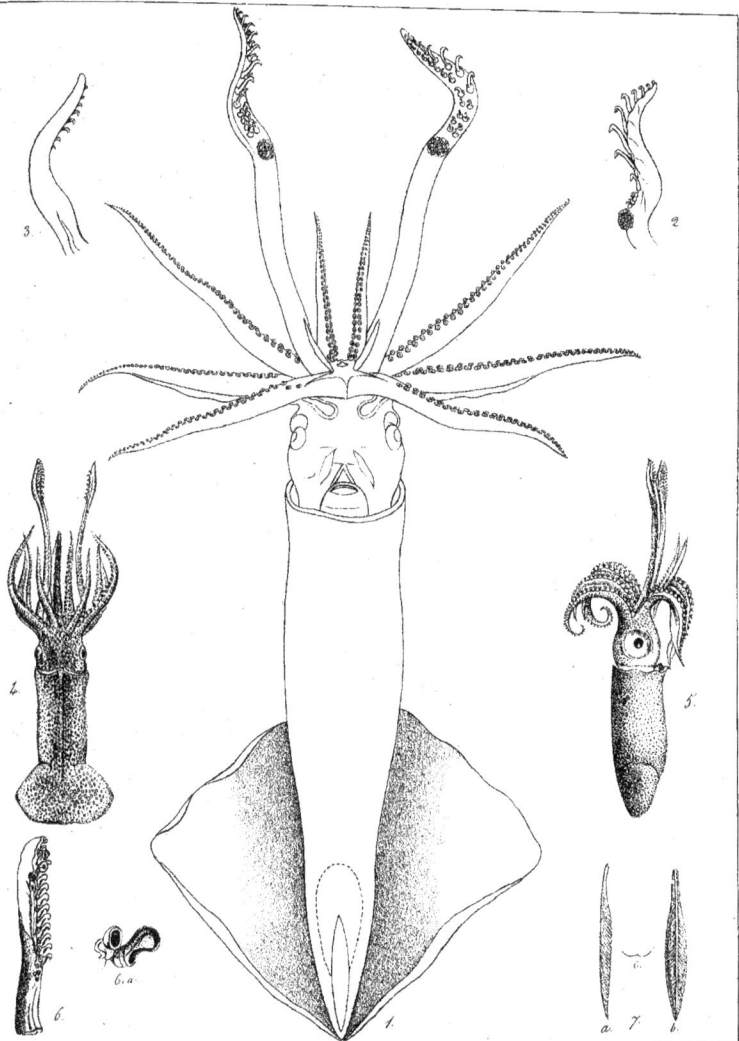

Histoire de Guérin.   Imp. Lith. de Bove, dirigé par Noël ainé et Cie.

1 à 3, O. Bergii, Lichtenstein. 4 à 7, O. Caraïbæa, Lesueur.

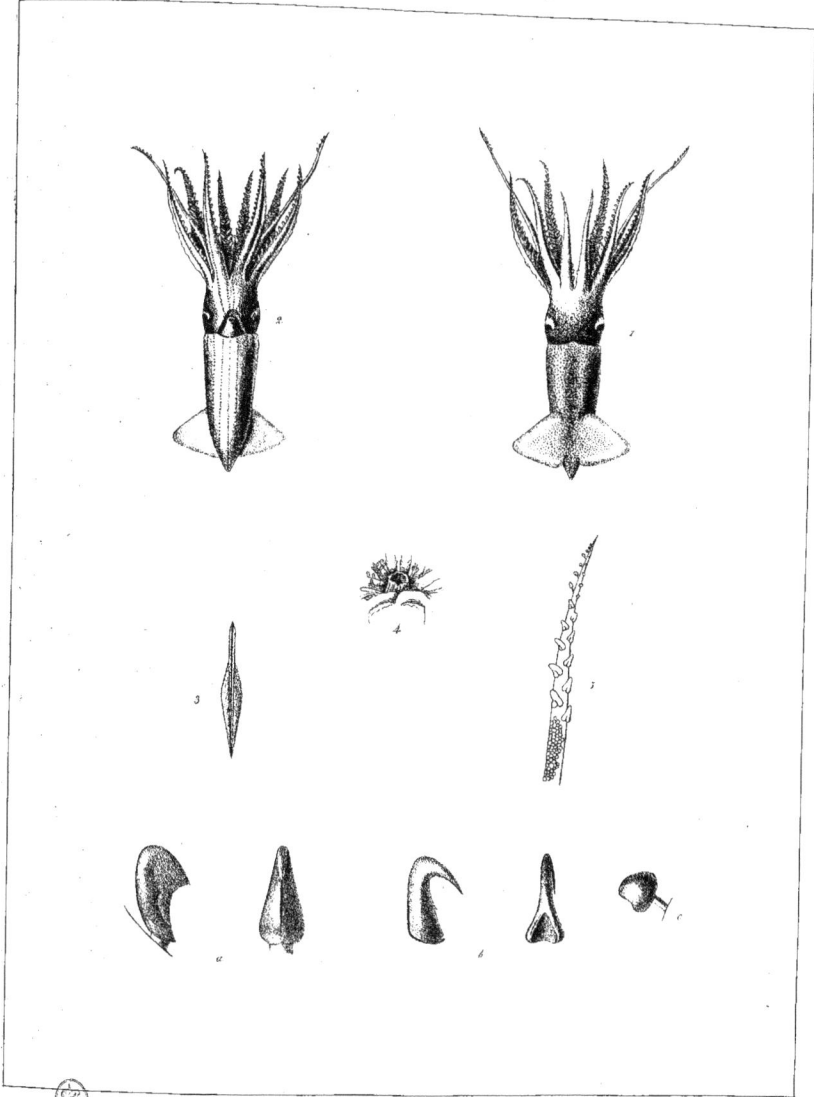

E.Guérin.pinx.   Atelier de Guérin.   Imp. lith. de Fiere, dirigée par Virel ainé & Comp.ᵉ

O. Leptura, Leach.

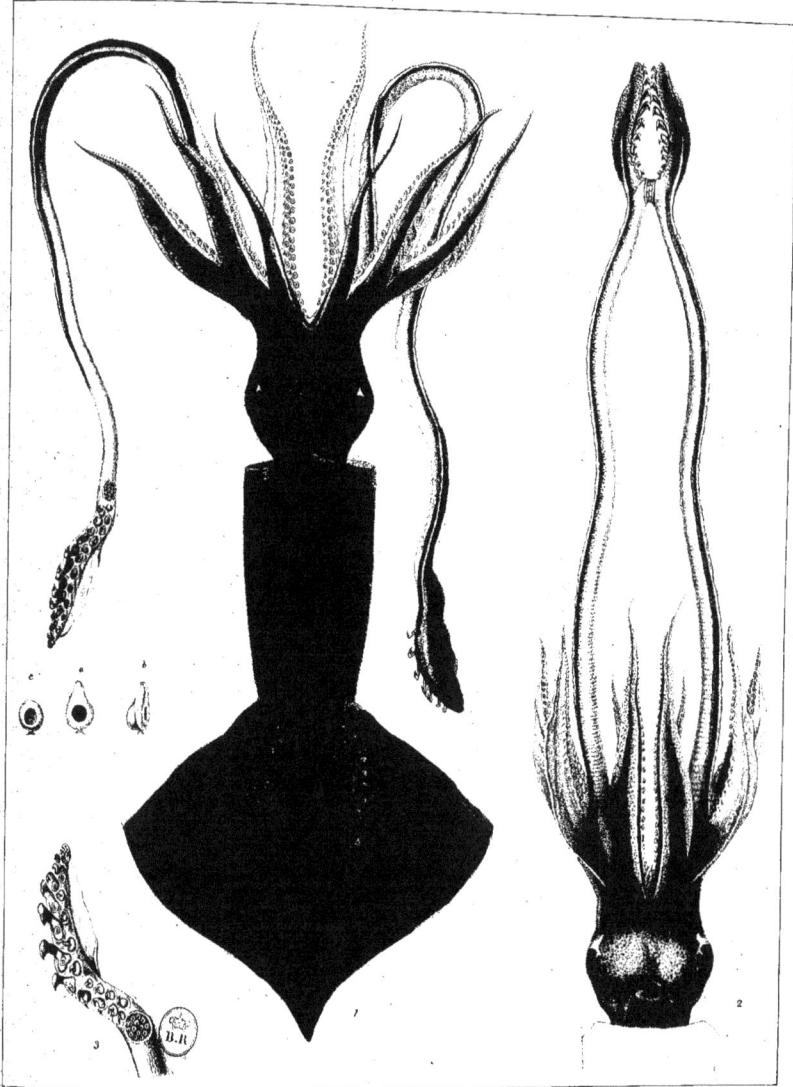

Lith. de Bénard.

O. Bergii, *Lichtenstein.*

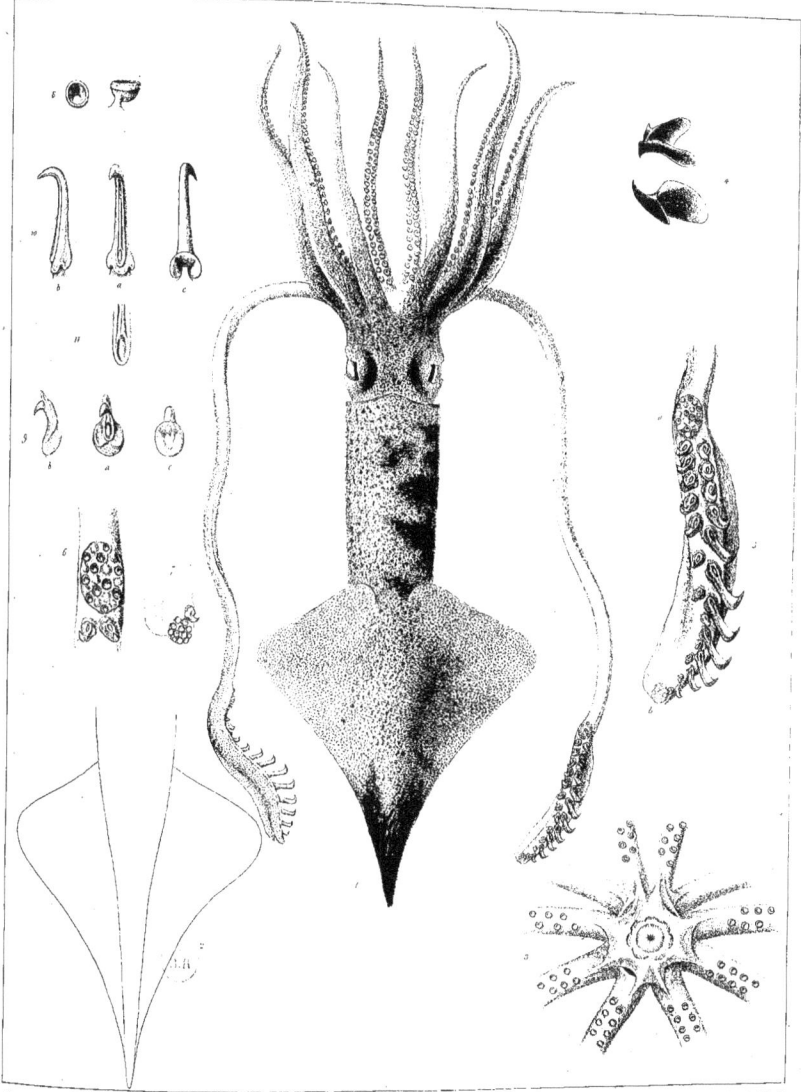

O. Lichtensteinii, Férussac.

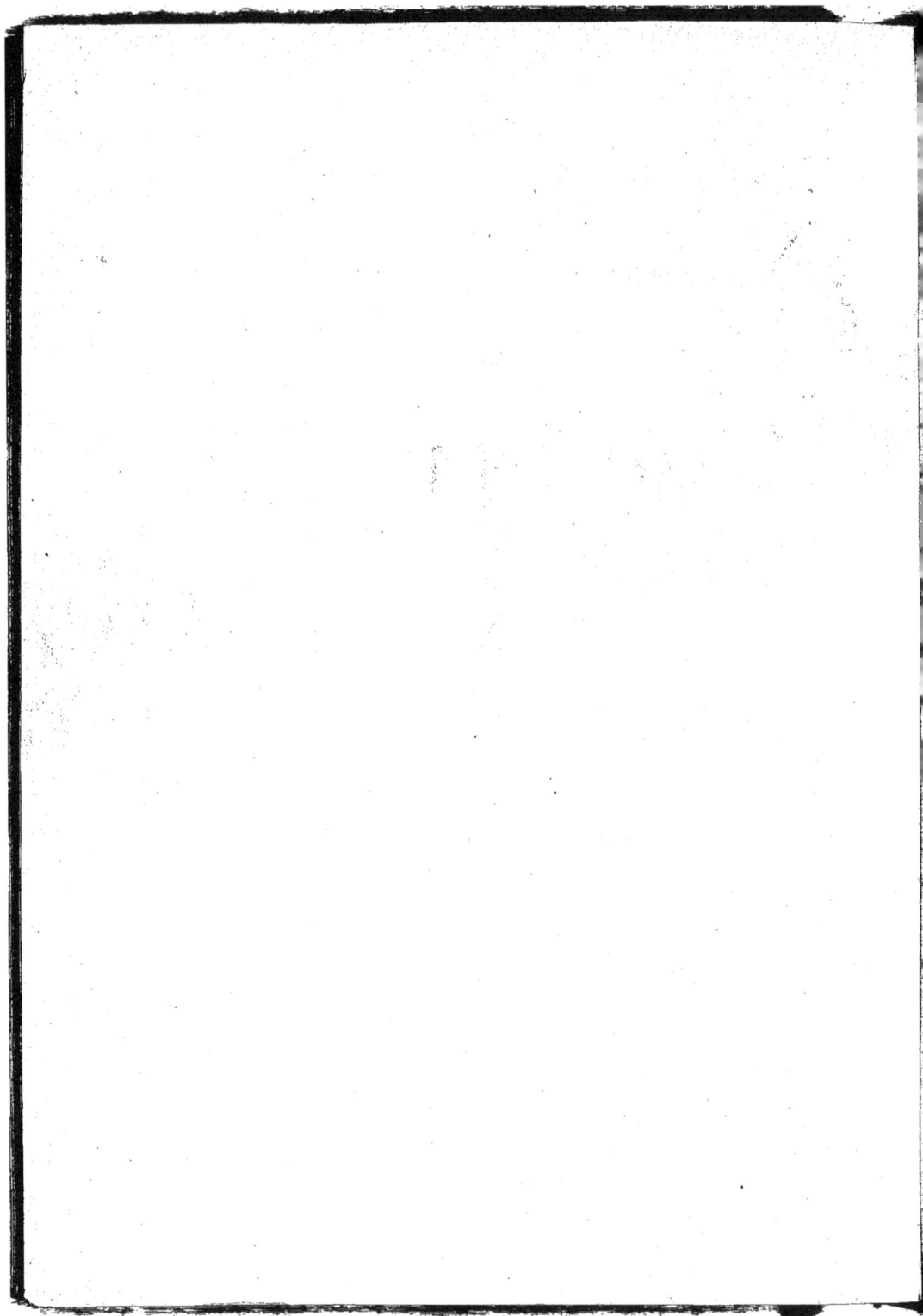

G . ONYCHOTEUTHE *(ONYCHOTEUTHIS)* Pl. 9.

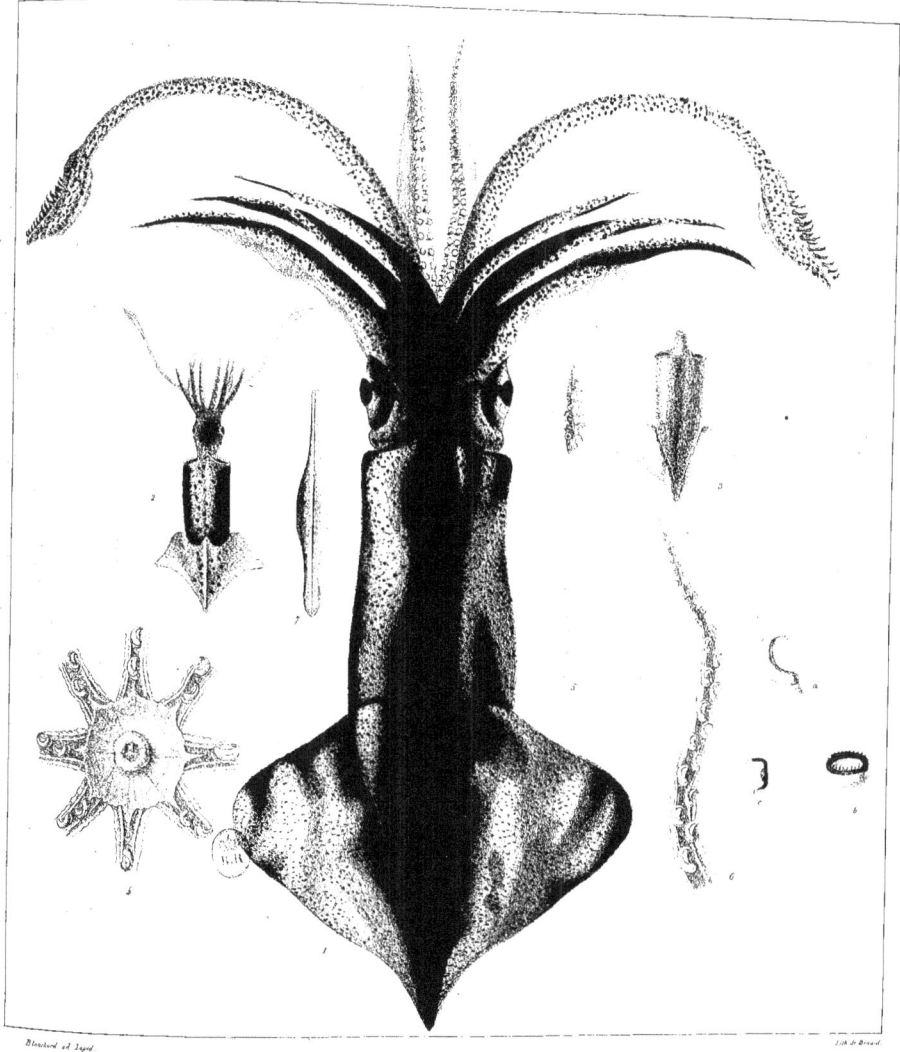

Blanchard ad. Imp.   Lith. de Besard.

Fig 1. O. Fleuryi. Reynaud; Fig 2-7, O. armata, Quoy.

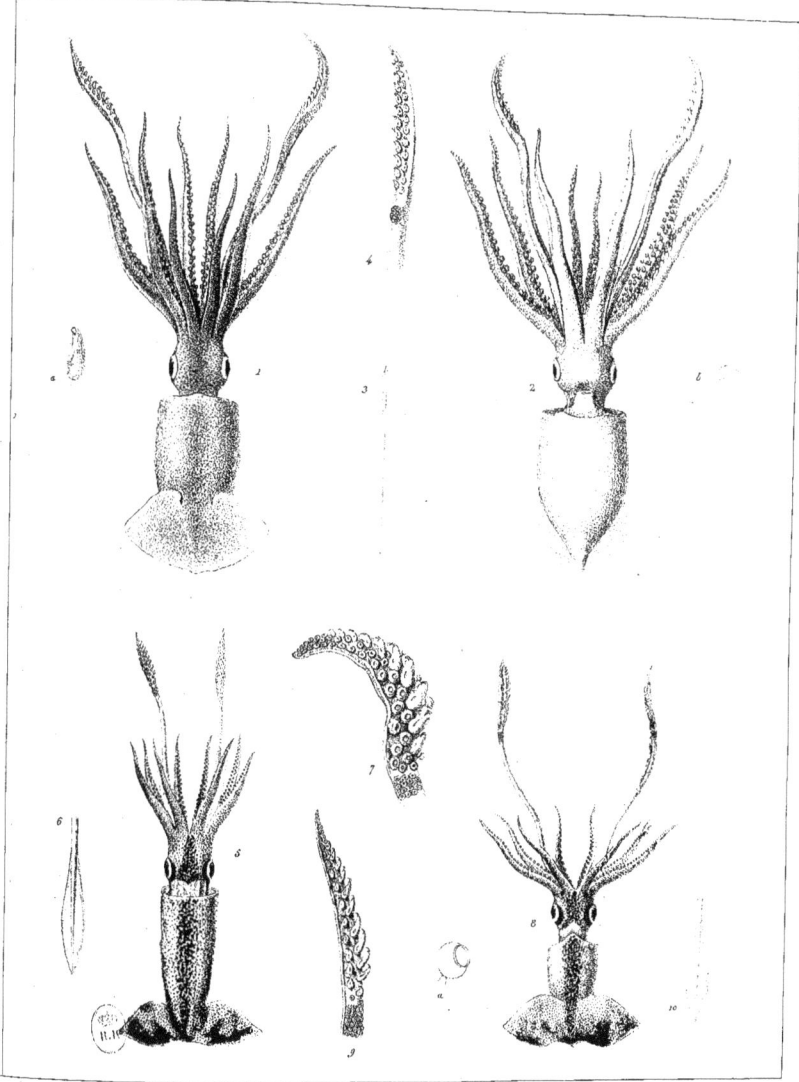

Chazal ad lapidem delin.   L. de Bérard . del l'Abbaye L.

Fig. 1-4. O. Leachii, Férussac; 5-7, O. peratoptera, d'Orb ; 8-10, O. platyptera, d'Orb

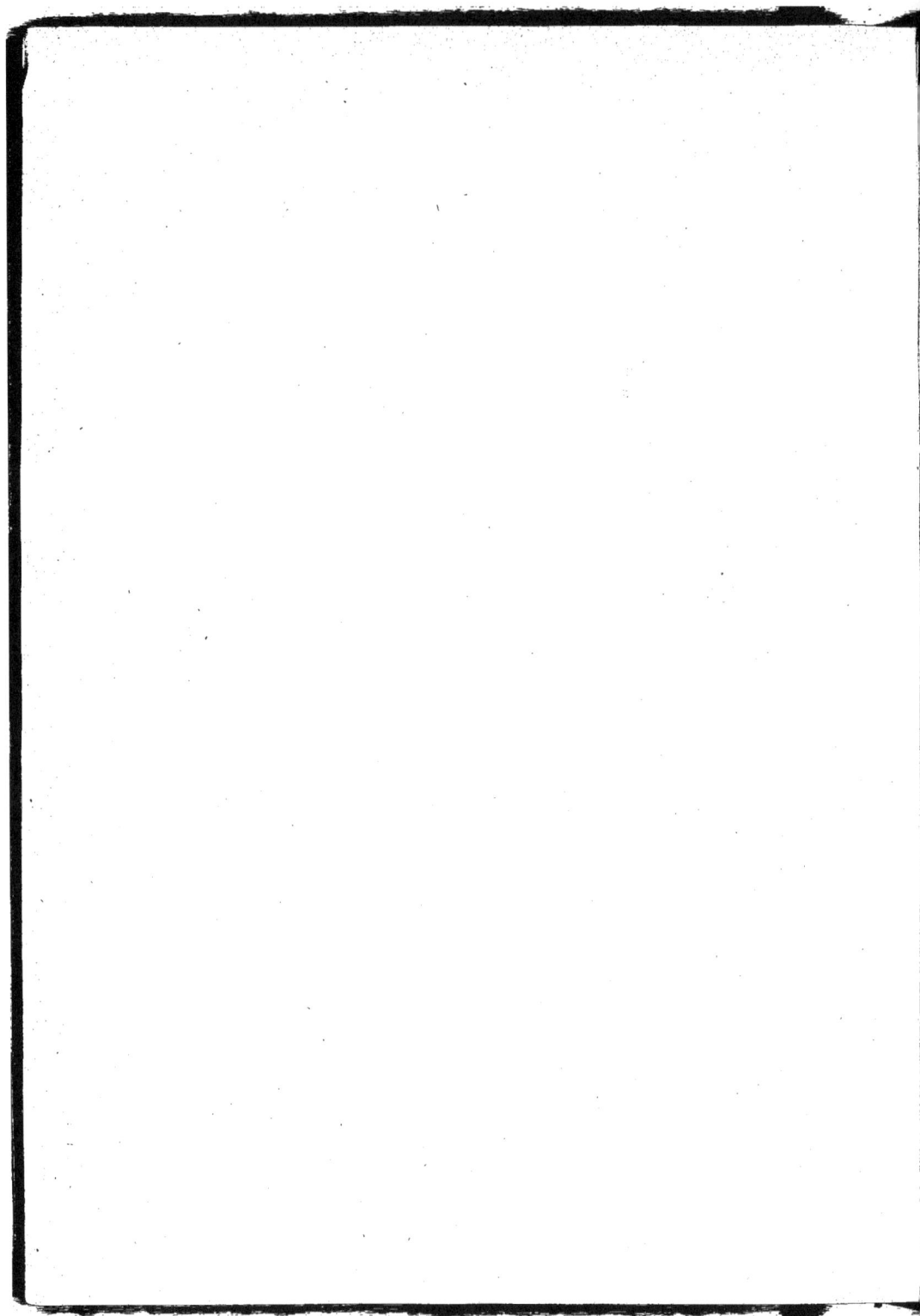

G . ONYCHOTEUTHE (*ONYCHOTEUTHIS*) Pl. II.

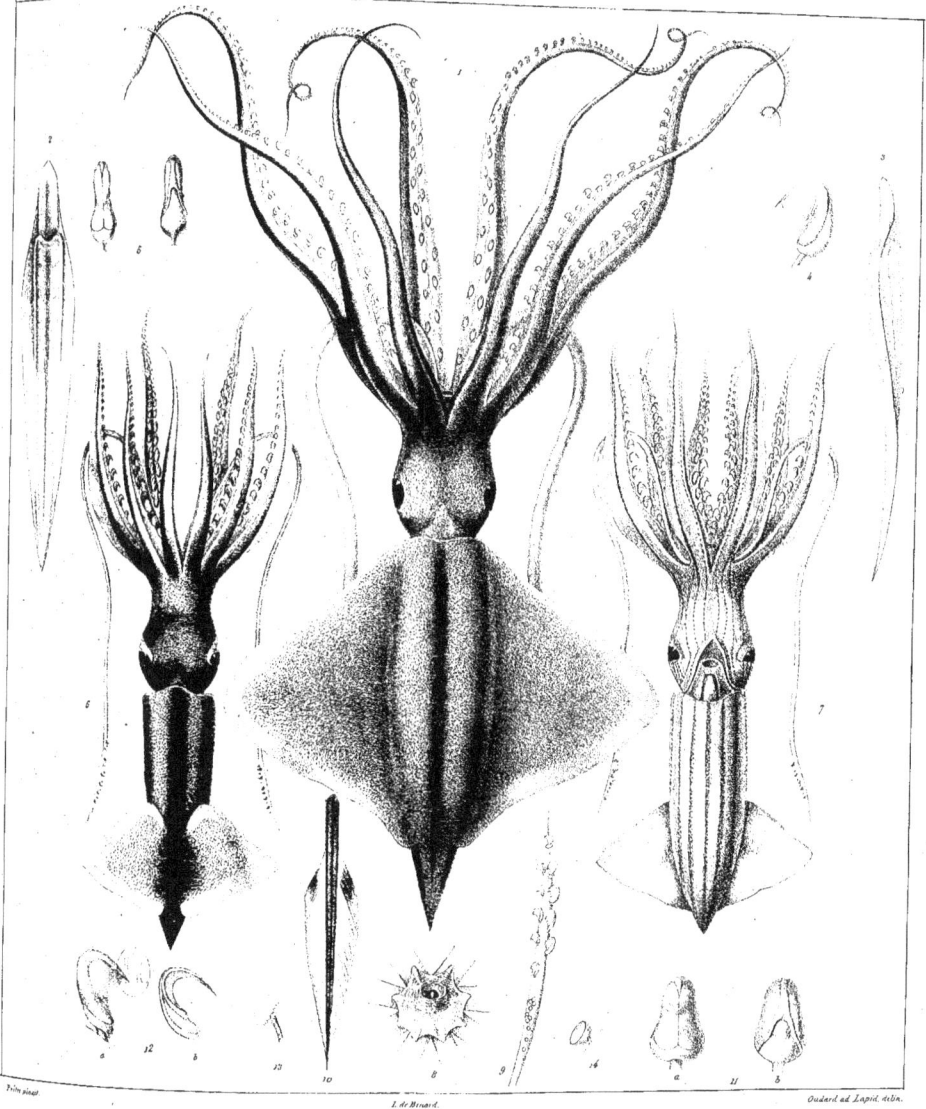

Fig 1-5. O. Leoueurii, Férussac; Fig 6-14. O. Leptura, Leach.

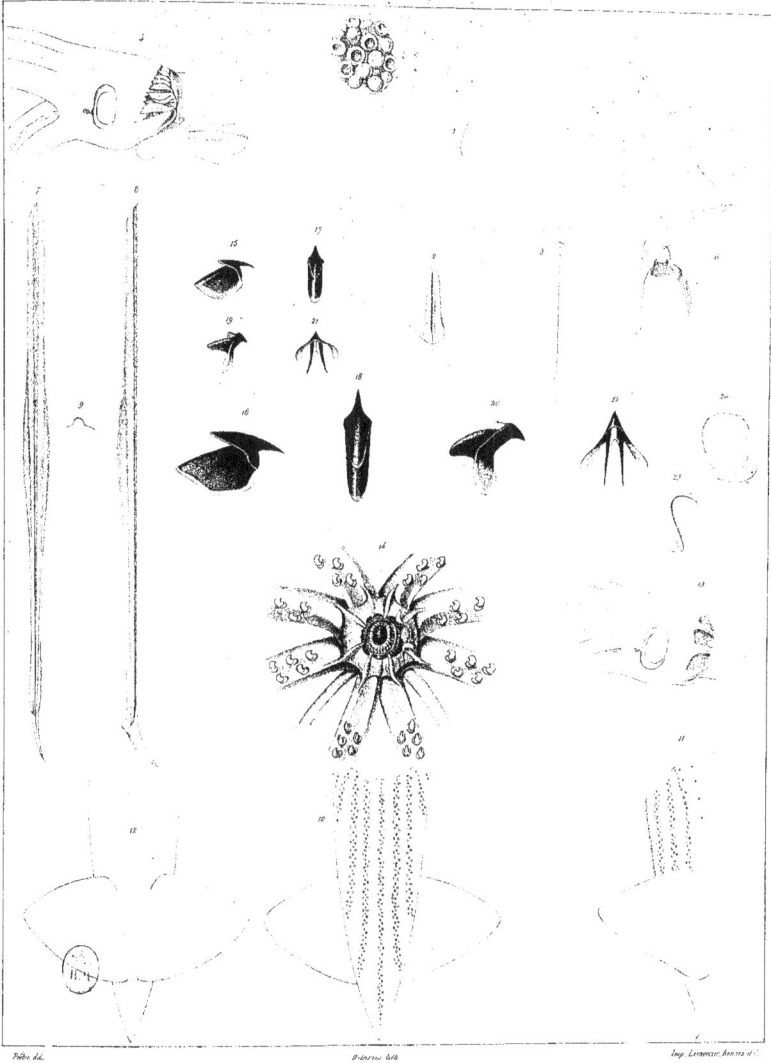

Prêtre del.   Bécquet lith.   Imp. Lemercier, Bénard et Cie.

1-9. Onychoteuthis Bergii, Lichst. 10-24. Enoploteuthis leptura, d'Orbigny.

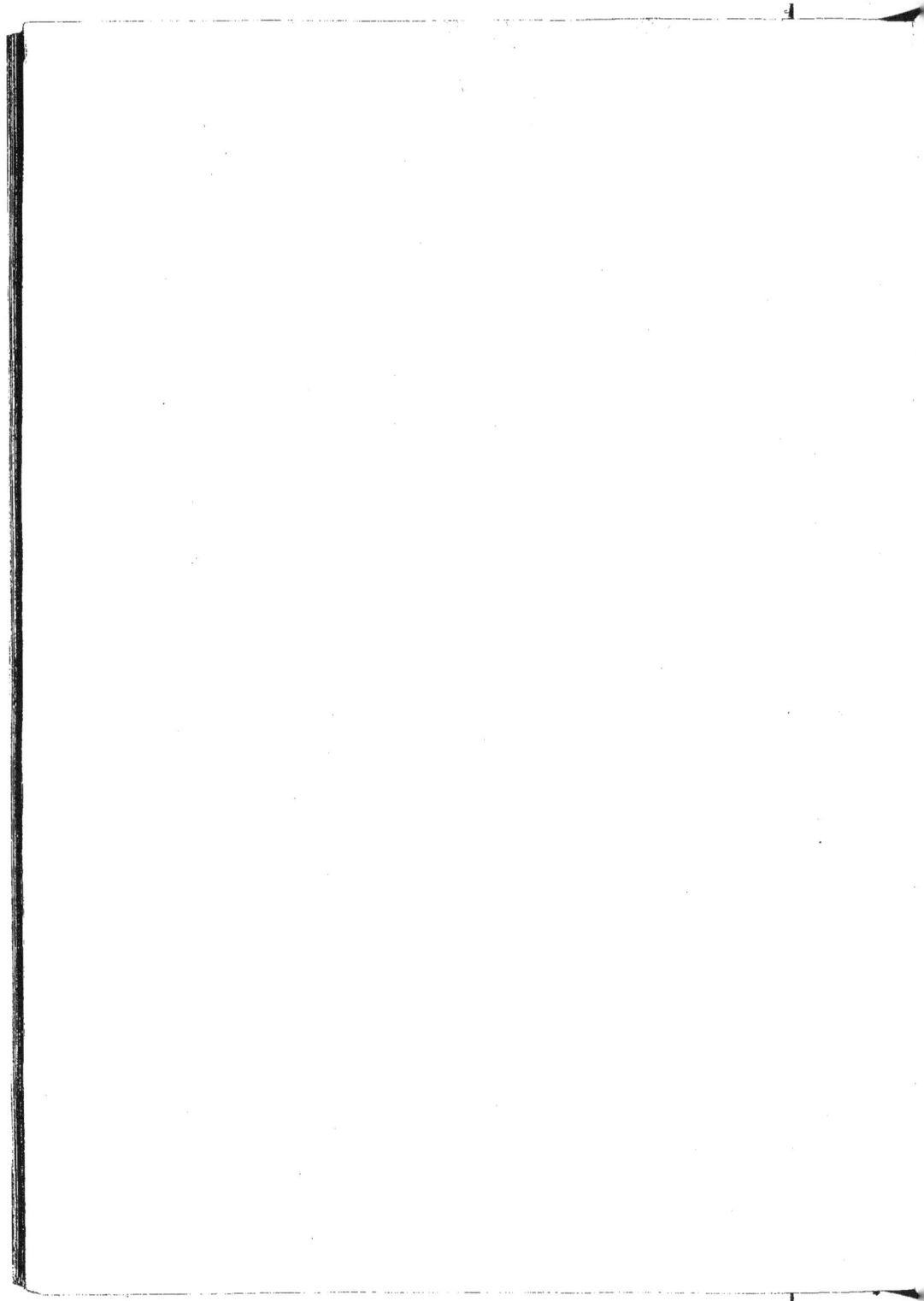

Prêtre pinx.ᵗ   Imp. Lemercier Benard et Cⁱᵉ   Delarue lith.

Onychoteuthis Dusoumieri, d'Orbigny.

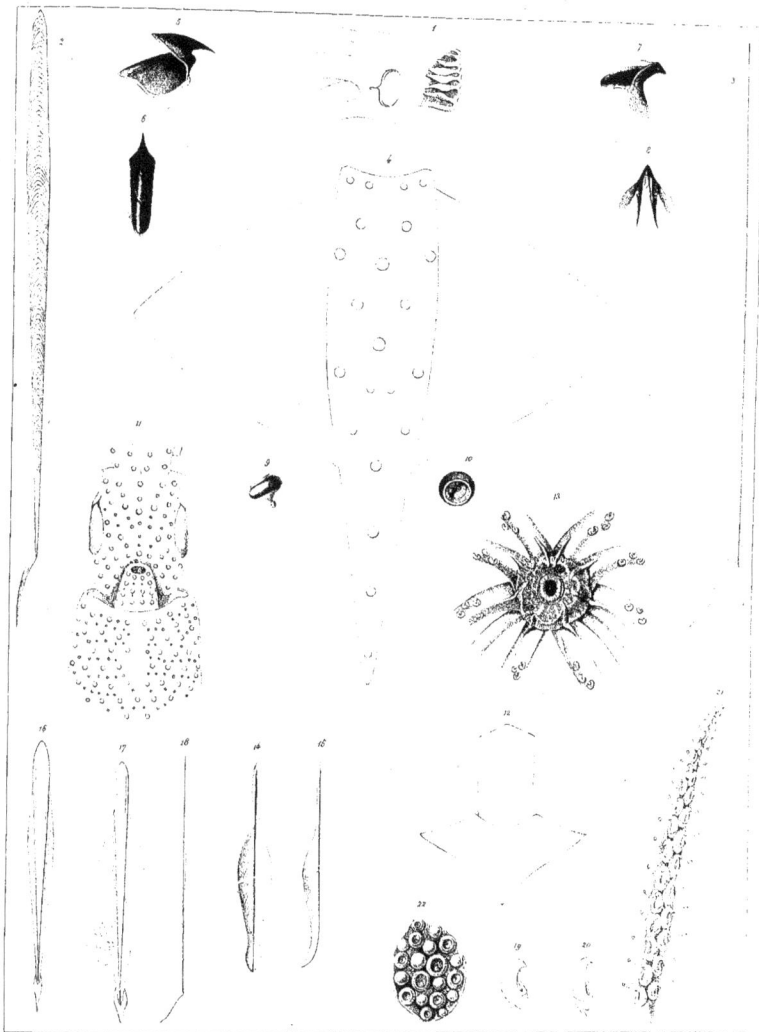

13. Onychoteuthis Lichtensteinii, Férussac. 4. 10. Enoploteuthis Lesueurii, d'Orbigny
11. 15. Enoploteuthis armatus, d'Orbigny. 16. 22. Onychoteuthis platyptera, d'Orbigny.

Péto. del.   Delarue. lith.   Imp Lemercier, Bénard et C.ᵉ

1. 10 Ommastrephes sagittatus, d'Orbigny 11 13 Ommastrephes giganteus, d'Orbigny.
14 16 ————— oceanicus, d'Orbigny. 17 18 ————— pelagicus, d'Orbigny.

Prétre pinx.   Imp. Lemercier, Bénard et C.ⁱᵉ   J. Delarue Lith.

1. 10 Ommastrephea todarus, d'Orbigny.
11. 20 O. _____ Bartramii, d'Orbigny.

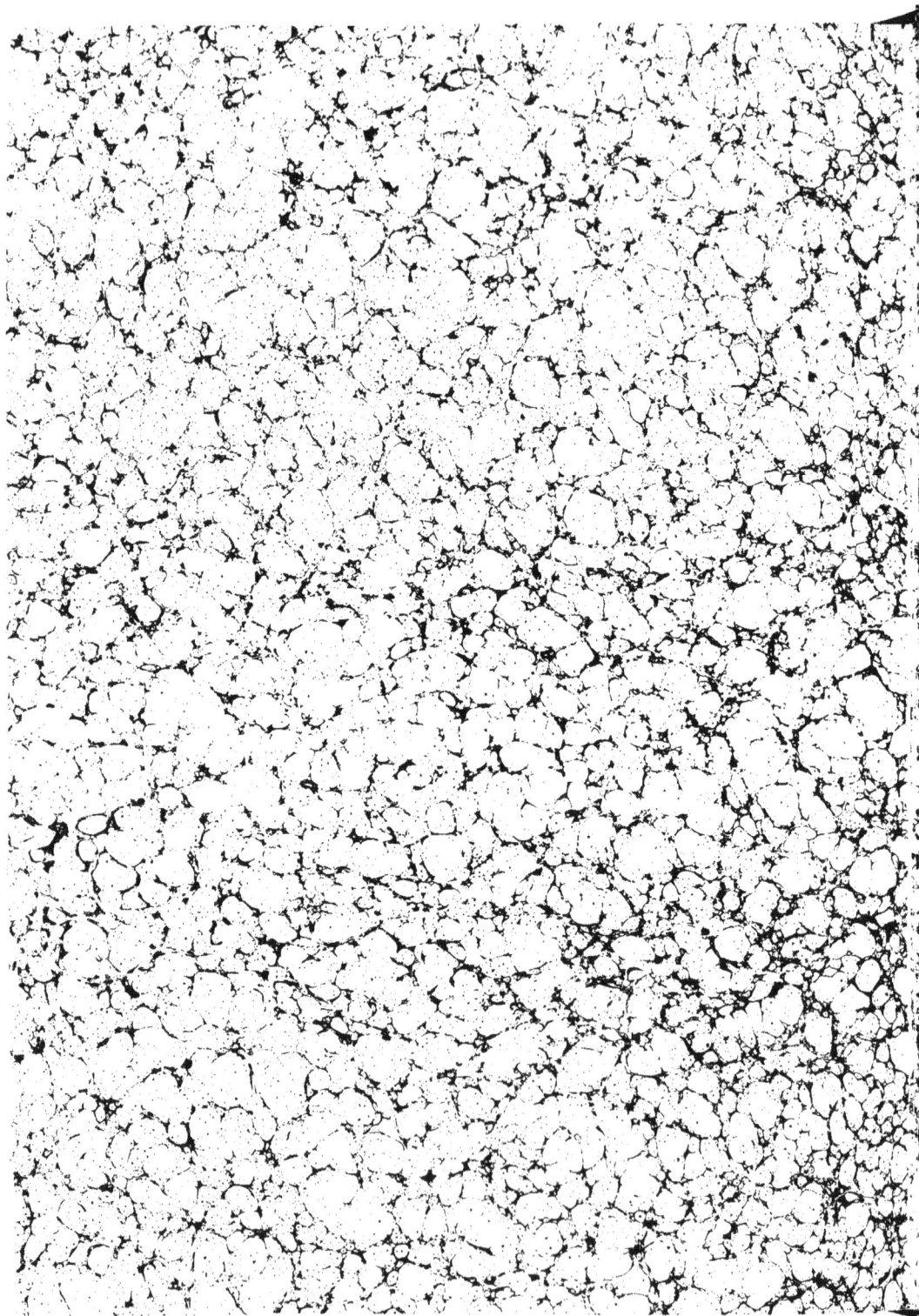

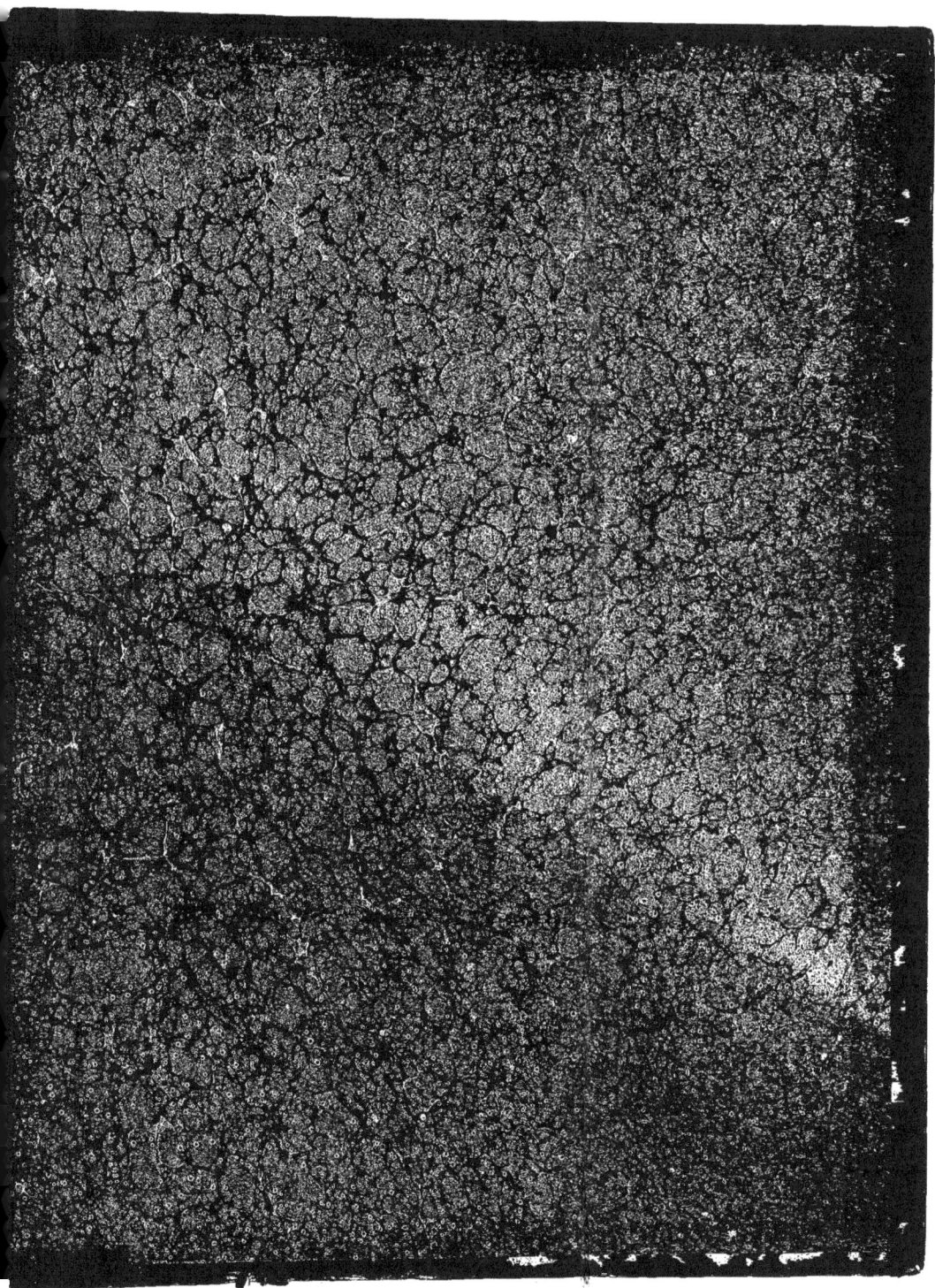

www.ingramcontent.com/pod-product-compliance
Lightning Source LLC
Chambersburg PA
CBHW060427200326
41518CB00009B/1512